Matemáticas 1 ESO

El libro **Matemáticas** para 1.º de ESO es una obra colectiva concebida, diseñada y creada en el departamento de Ediciones Educativas de Santillana Educación, S. L., dirigido por **Enrique Juan Redal**.

En su realización ha participado el siguiente equipo:

M.ª Dolores Álvarez
Joaquín Hernández
Ana Yolanda Miranda
M.ª Rosario Moreno
Susana Parra
Manuela Redondo
Raquel Redondo
M.ª Teresa Sánchez
Teresa Santos
Esteban Serrano

EDICIÓN
Angélica Escoredo
Carlos Pérez

DIRECCIÓN DEL PROYECTO
Domingo Sánchez Figueroa

Proyecto **Los Caminos del Saber**

Santillana

Índice

VOLUMEN 1

VOLUMEN 2

VOLUMEN 3

10

Polígonos y circunferencia

Historias de sobremesa

Cada vez que Farkas Bolyai y su hijo se juntaban, el tema predilecto de conversación eran las matemáticas, y siempre salía a relucir el nombre de Gauss.

–Janos –le decía a su hijo–, el 29 de marzo de 1796 debería instaurarse como festivo para todos los matemáticos del mundo.

¡Otra vez la vieja historia del heptadecágono! Janos miró a su padre con una sonrisa.

–Gauss tiene suerte de contar con amigos como tú.

El padre, sin prestar atención, continuó con la historia:

–Él mismo me lo contó, después de uno de nuestros paseos por los alrededores de Göttingen.

Hizo una pausa y en voz baja continuó:

–El día 29, después de encontrar la forma de construir el polígono regular de 17 lados solamente con ayuda de la regla y el compás, tomó la decisión de estudiar matemáticas en detrimento de la filosofía.

Este descubrimiento fue tan importante para Gauss que el epitafio de su sepultura contiene un heptadecágono regular.

DESCUBRE LA HISTORIA...

1. ¿Quiénes fueron Farkas Bolyai y Janos Bolyai? ¿Qué relación tienen con Gauss? ¿Cuáles son las circunstancias que les llevaron a enemistarse?
2. ¿Por qué Farkas Bolyai piensa que el 29 de marzo debería ser festivo para los matemáticos?
3. Busca información sobre Friedrich Gauss y sus importantes aportaciones a la geometría.

Antes de empezar la unidad...

CONVIENE QUE...
Recuerdes cómo se construye la **mediatriz de un segmento**.

PORQUE...
Nos servirá para determinar el **circuncentro de un triángulo**.

Mediatriz de un segmento

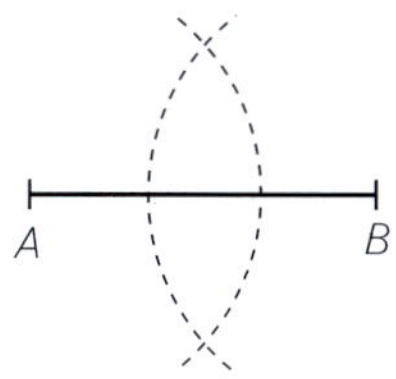

Trazamos dos arcos, con centro en los puntos *A* y *B*, de igual radio y que se corten.

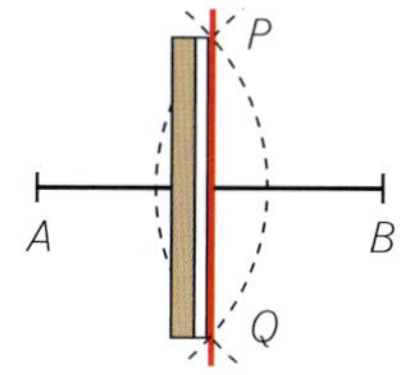

La recta que pasa por los puntos de corte *P* y *Q* es la mediatriz.

CONVIENE QUE...
Repases cómo se construye la **bisectriz de un ángulo**.

PORQUE...
Vamos a utilizarlo para determinar el **incentro de un triángulo**.

Bisectriz de un ángulo

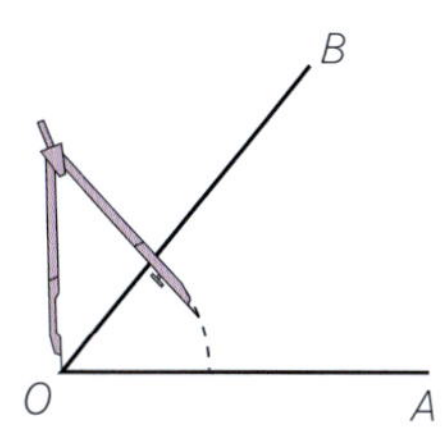

Con centro en el vértice *O* y cualquier abertura, trazamos un arco.

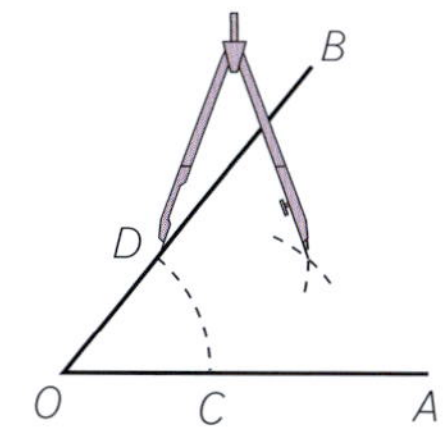

Trazamos dos arcos que se corten, uno con centro en *C* y otro con centro en *D*.

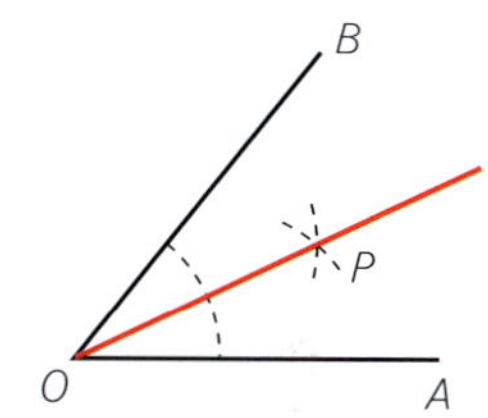

Los arcos se cortarán en *P*. La recta que pasa por *O* y *P* es la bisectriz.

CONVIENE QUE...
Sepas relacionar **el cuadrado de un número con la raíz cuadrada.**

PORQUE...
Lo necesitaremos para **calcular los catetos de un triángulo rectángulo**.

Cuadrado de un número y raíz cuadrada

La raíz cuadrada de un número es otro número que elevado al cuadrado es igual al primero.

$\sqrt{4} = 2$, porque $2^2 = 4$

$6^2 = 36$, entonces $\sqrt{36} = 6$

EVALUACIÓN INICIAL

Mediatriz de un segmento

1. Dibuja las mediatrices de los lados de estos triángulos. ¿Se cortan las tres mediatrices en algún punto?

a) 

b) 

Bisectriz de un ángulo

2. Dibuja las bisectrices de los ángulos de estos triángulos. ¿Se cortan las tres bisectrices en algún punto?

a) 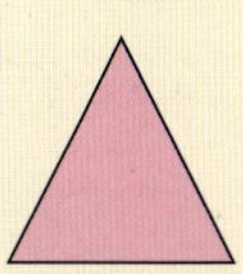

b) 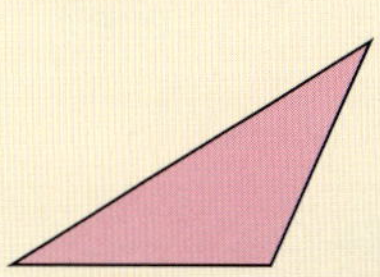

Cuadrado de un número y raíz cuadrada

3. Completa.

a) $\sqrt{25} = \square$, porque $5^2 = \square$

b) $4^2 = \square$, entonces $\sqrt{16} = \square$

PLAN DE TRABAJO

En esta unidad aprenderás a...

- Clasificar polígonos según sus lados y ángulos.
- Determinar los ejes de simetría de un polígono.
- Dibujar las rectas y los puntos notables de un triángulo.
- Utilizar el teorema de Pitágoras.

1 Polígonos

1.1 Elementos de un polígono

Un **polígono** es una figura plana y cerrada limitada por segmentos.

Los elementos de un polígono son:

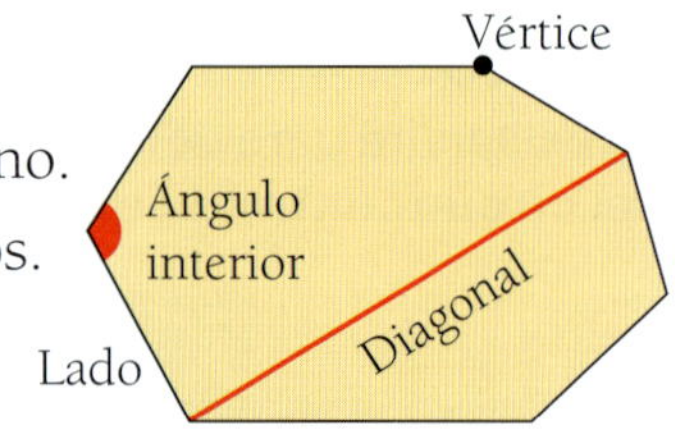

- **Lados:** segmentos que delimitan el polígono.
- **Vértices:** puntos donde se unen dos lados.
- **Diagonales:** segmentos que unen dos vértices no consecutivos.
- **Ángulo interior:** ángulo formado por los lados del polígono.

DATE CUENTA

- Un **polígono** es **convexo** si, al prolongar todos sus lados, ninguno pasa por su interior.

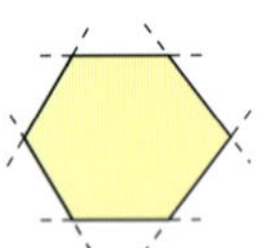

- Un **polígono** es **cóncavo** si, al prolongar todos sus lados, alguno pasa por su interior.

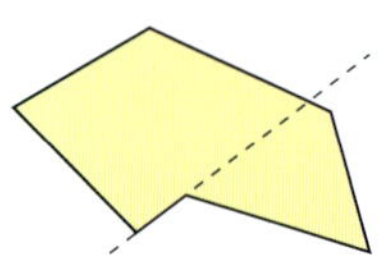

1.2 Clasificación de polígonos según sus ángulos

Un polígono que tiene todos sus ángulos menores de 180° se denomina **polígono convexo**. Si alguno de sus ángulos es mayor de 180°, se llama **polígono cóncavo**.

Polígono convexo

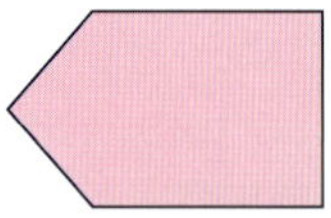

Polígono cóncavo

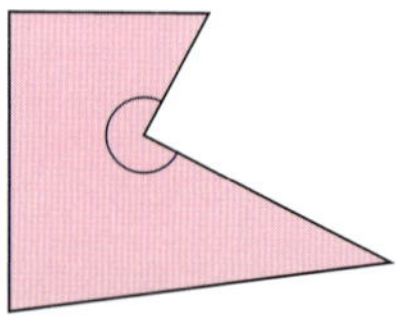

1.3 Clasificación de polígonos según sus lados y ángulos

Un **polígono regular** es el que tiene todos sus lados y ángulos iguales. En caso contrario, si tiene algún lado o ángulo distinto, el **polígono** es **irregular**.

Polígono regular

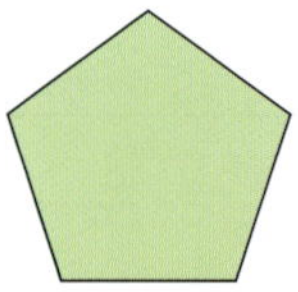

Polígono irregular

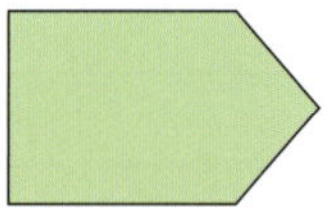

EJERCICIOS

PRACTICA

1 Dibuja este polígono en tu cuaderno. Señala sus lados, vértices, ángulos interiores y diagonales. ¿Cuántas diagonales tiene?

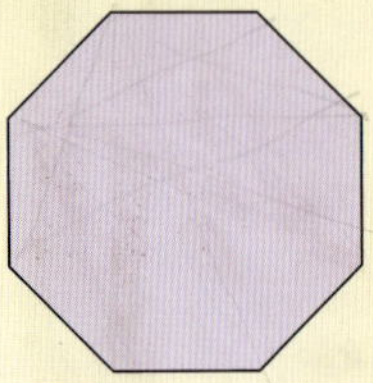

APLICA

2 Determina cuáles de estos polígonos son regulares o irregulares, cóncavos o convexos.

a) 

b) 

c) 

REFLEXIONA

3 Un polígono, ¿puede tener más vértices que lados?

1.4 Clasificación de polígonos según su número de lados

N.º de lados	Nombre	Regular	Irregular
3	Triángulo	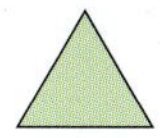	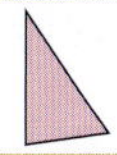
4	Cuadrilátero	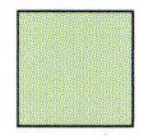	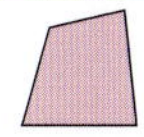
5	Pentágono	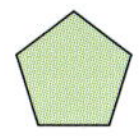	
6	Hexágono	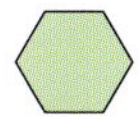	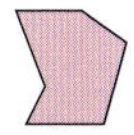
7	Heptágono	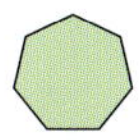	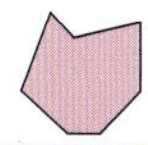
8	Octógono	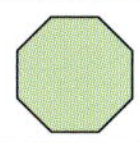	
9	Eneágono	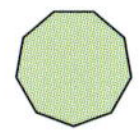	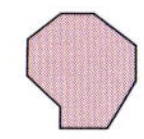
10	Decágono	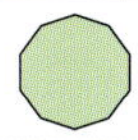	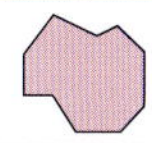
11	Endecágono	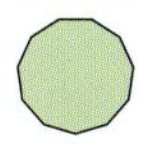	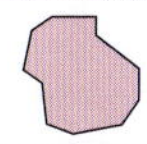
12	Dodecágono	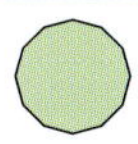	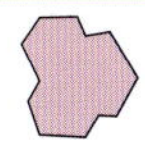

1.5 Ejes de simetría

Un **eje de simetría de un polígono** es la recta que divide al polígono en dos partes iguales.

EJEMPLO

1 Determina todos los ejes de simetría de un cuadrado.

Las diagonales de un cuadrado lo dividen en dos partes iguales.

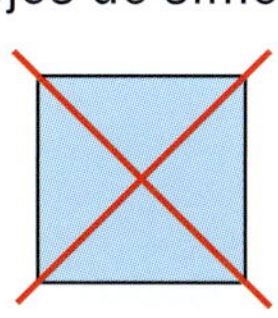

Las rectas que pasan por los puntos medios de los lados también lo dividen en dos partes iguales.

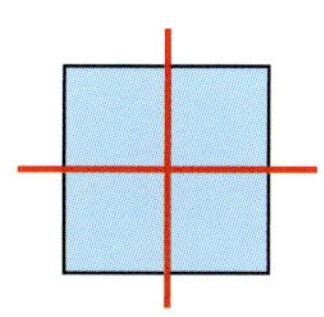

Un cuadrado tiene 4 ejes de simetría.

EJERCICIOS

PRACTICA

4 Indica el nombre de estos polígonos.

a) 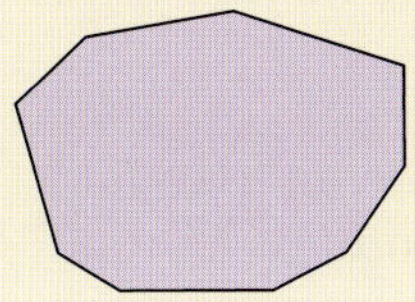

b) 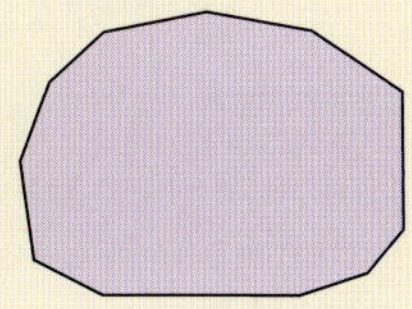

APLICA

5 Dibuja un octógono convexo y otro cóncavo. Haz lo mismo con un eneágono.

REFLEXIONA

6 Calcula el número de ejes de simetría que tienen un pentágono regular y un hexágono regular.

2 Triángulos

Según sean sus lados y sus ángulos, los triángulos se clasifican en:

Equilátero: tiene los tres lados y los tres ángulos iguales.

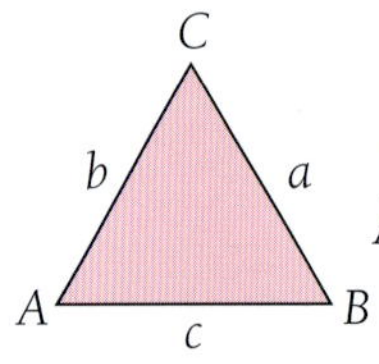

$a = b = c$

$\hat{A} = \hat{B} = \hat{C}$

Isósceles: tiene dos lados y dos ángulos iguales.

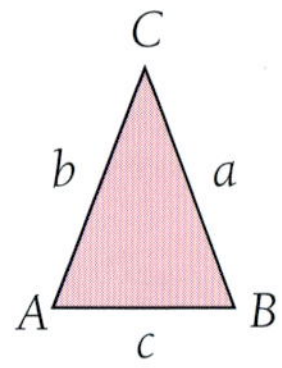

$a = b$

$\hat{A} = \hat{B}$

Escaleno: tiene los tres lados y los tres ángulos desiguales.

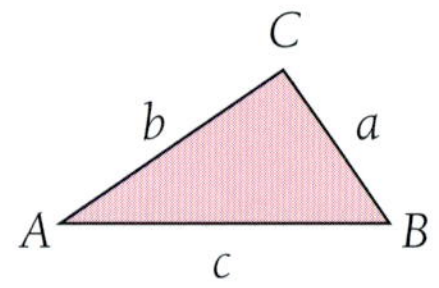

Acutángulo: tiene los tres ángulos agudos.

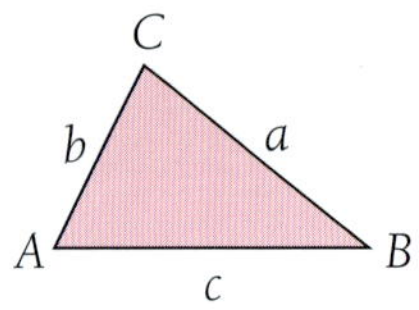

Rectángulo: tiene un ángulo recto.

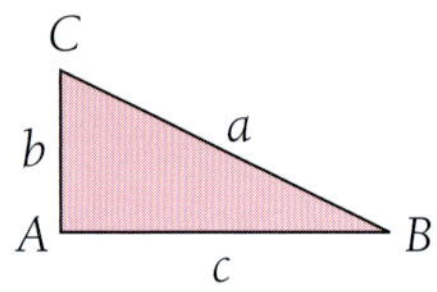

Obtusángulo: tiene un ángulo obtuso.

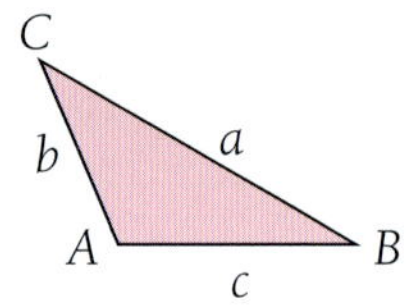

SE ESCRIBE ASÍ

Para nombrar un triángulo:

- Designamos sus vértices con letras mayúsculas: *A*, *B*, *C*...
- Designamos sus lados con las mismas letras minúsculas: *a*, *b*, *c*..., de manera que el lado opuesto al vértice *A* es el lado *a*, el lado *b* es el opuesto al vértice *B*...

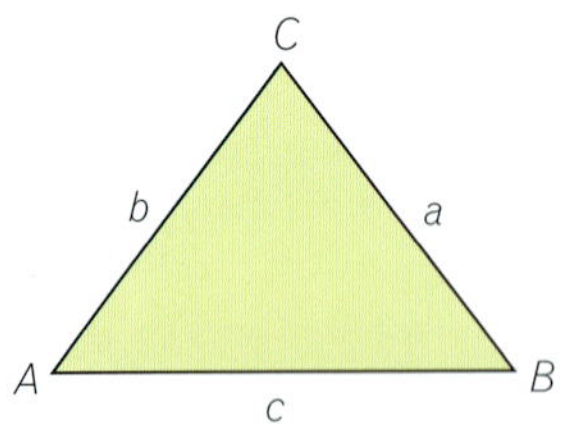

Para nombrar un triángulo utilizamos sus tres vértices, *ABC*, y el símbolo $\frown$: $\widehat{ABC}$.

Relaciones entre los lados y los ángulos

Dado un triángulo $\widehat{ABC}$, siempre se cumple que:

- Cualquier lado es menor que la suma de los otros dos.
- Cualquier lado es mayor que la diferencia de los otros dos.
- La suma de los tres ángulos de un triángulo es igual a 180°.

EJEMPLO

2 Comprueba las relaciones entre los lados y los ángulos de este triángulo.

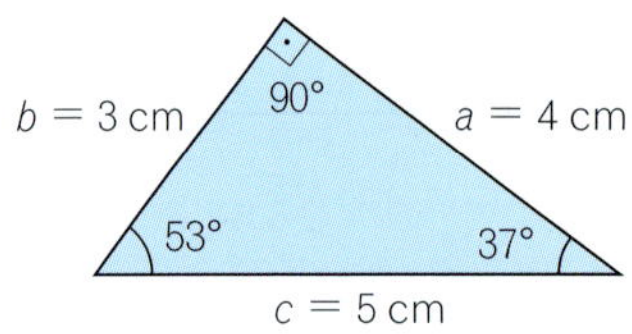

1.°

$a < b + c$	$b < a + c$	$c < a + b$
$4 < 3 + 5$	$3 < 4 + 5$	$5 < 4 + 3$

2.°

$a > c - b$	$b > c - a$	$c > a - b$
$4 > 5 - 3$	$3 > 5 - 4$	$5 > 4 - 3$

3.° $\hat{A} + \hat{B} + \hat{C} = 53° + 37° + 90° = 180°$

EJERCICIOS

PRACTICA

7 Indica si existe un triángulo cuyos lados miden:

a) 15, 8 y 20 cm b) 2, 4 y 14 cm

APLICA

8 En un triángulo rectángulo, un ángulo mide 30°. ¿Cuánto miden los otros dos ángulos?

9 El ángulo obtuso de un triángulo isósceles obtusángulo mide 120°. ¿Cuánto miden los otros ángulos del triángulo isósceles?

REFLEXIONA

10 Calcula el ángulo obtuso de un triángulo isósceles, si uno de sus ángulos agudos mide 40°.

3 Rectas y puntos notables en un triángulo

3.1 Medianas

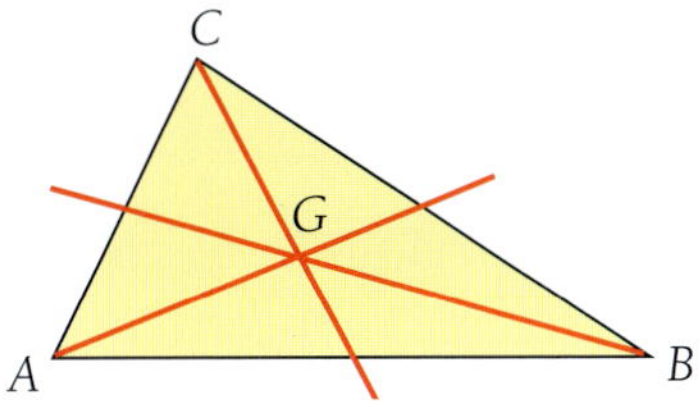

Las **medianas** de un triángulo son las rectas que se obtienen al unir cada uno de los vértices del triángulo con el punto medio del lado opuesto.

Las medianas de un triángulo se cortan en un punto llamado **baricentro**.

3.2 Mediatrices

Las **mediatrices** de un triángulo son las rectas perpendiculares a sus lados que pasan por el punto medio.

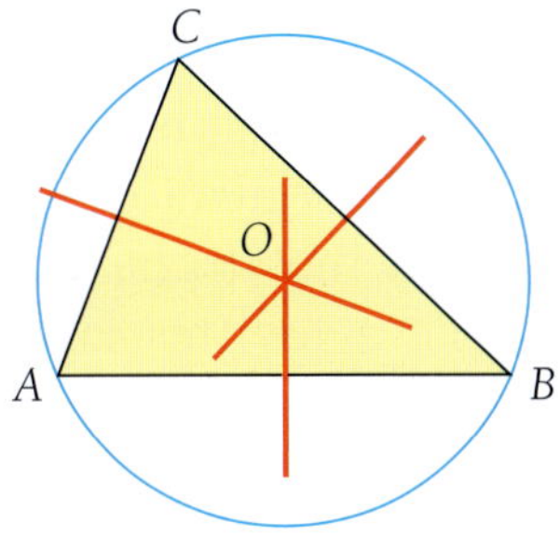

Las mediatrices se cortan en un punto situado a la misma distancia de los tres vértices. Ese punto se denomina **circuncentro**.

Con centro en el circuncentro, y radio la distancia del circuncentro a un vértice, podemos dibujar una circunferencia que pasa por los tres vértices: la **circunferencia circunscrita**.

EJEMPLO

3 Determina el baricentro y el circuncentro de un triángulo obtusángulo.

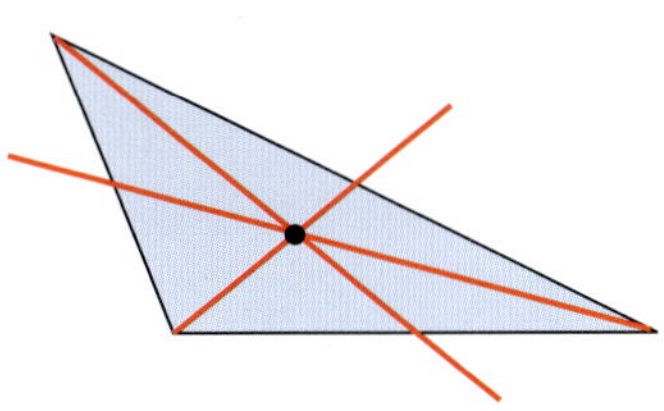

En un triángulo obtusángulo, el baricentro es un punto interior del triángulo.

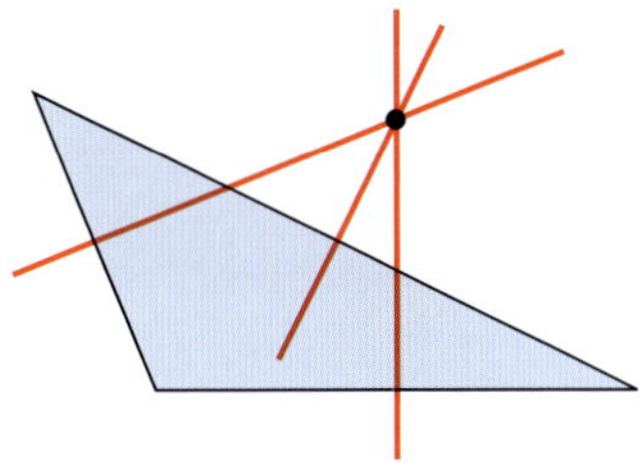

En un triángulo obtusángulo, el circuncentro es un punto exterior del triángulo.

EJERCICIOS

PRACTICA

11 Dibuja tres triángulos: uno acutángulo, otro rectángulo y un tercero obtusángulo.

a) Traza las mediatrices de los triángulos y señala, en cada caso, su circuncentro.

b) Comprueba con el compás que el circuncentro está a la misma distancia de los tres vértices.

APLICA

12 Dibuja en tu cuaderno un triángulo cualquiera. Halla su baricentro y su circuncentro.

REFLEXIONA

13 En un triángulo rectángulo, dibuja sus mediatrices y señala su circuncentro. ¿Qué observas?

3.3 Alturas

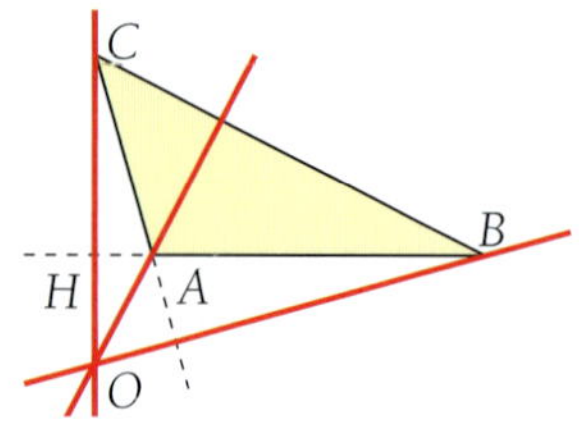

Las **alturas** de un triángulo son las rectas perpendiculares trazadas desde cada vértice al lado opuesto, o su prolongación.

Las tres alturas de un triángulo se cortan en un punto que se llama **ortocentro**.

3.4 Bisectrices

Las **bisectrices** de un triángulo son las rectas que dividen cada uno de sus ángulos en dos partes iguales.

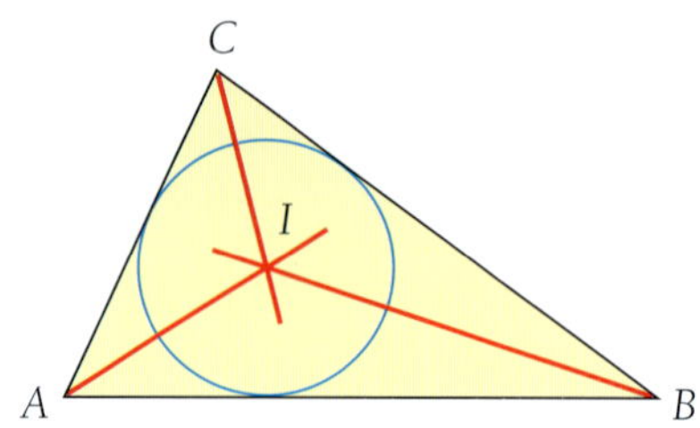

Las bisectrices de un triángulo se cortan en un punto llamado **incentro**.

Con centro en el incentro, y radio la distancia de este punto a cualquiera de los lados del triángulo, podemos trazar una circunferencia tangente a los tres lados del triángulo: la **circunferencia inscrita**.

EJEMPLO

4 Determina el ortocentro en un triángulo rectángulo y el incentro en un triángulo equilátero.

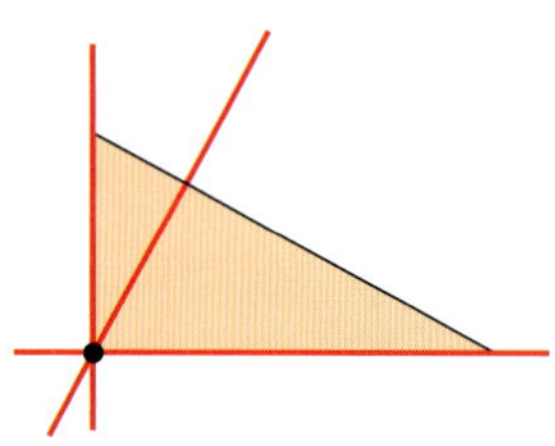

En un triángulo rectángulo, el ortocentro coincide con el vértice del ángulo recto.

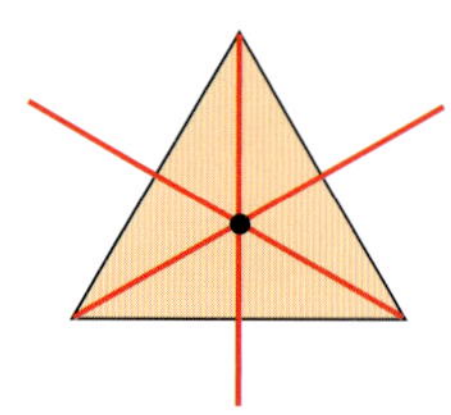

En un triángulo equilátero, las rectas notables coinciden y los puntos notables son el mismo.

EJERCICIOS

PRACTICA

14 Dibuja varios triángulos obtusángulos, traza sus alturas y halla su ortocentro. ¿Dónde se encuentra situado?

APLICA

15 Dibuja en un triángulo equilátero sus mediatrices, bisectrices, alturas y medianas. Comprueba que todas coinciden.

REFLEXIONA

16 Razona las respuestas.

a) ¿El incentro de un triángulo puede estar situado en el exterior del mismo?

b) ¿Y sobre uno de sus lados?

Compruébalo, dibujando varios triángulos acutángulos, rectángulos y obtusángulos, y hallando este punto.

4 Teorema de Pitágoras

Un triángulo rectángulo es el que tiene un ángulo recto (90°). Los lados que forman el ángulo recto se llaman **catetos**, y el lado mayor, **hipotenusa**.

a es la hipotenusa,
b y *c* son los catetos.

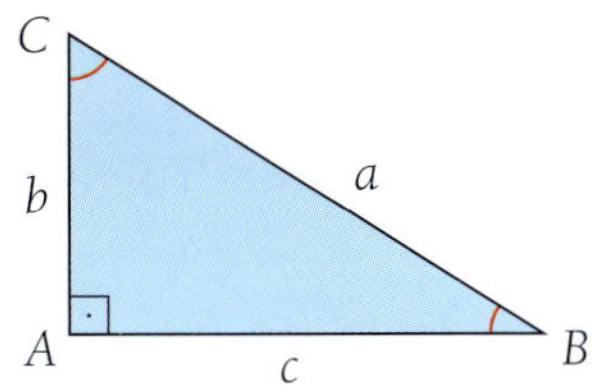

Teorema de Pitágoras

En un triángulo rectángulo se cumple que el cuadrado de la hipotenusa es igual a la suma de los cuadrados de los catetos.

$$a^2 = b^2 + c^2$$

EJEMPLOS

5 **Sabiendo que, en un triángulo rectángulo, los catetos miden 3 y 4 cm, respectivamente, ¿cuánto mide la hipotenusa?**

Aplicando el teorema de Pitágoras:

$$a^2 = 3^2 + 4^2 \rightarrow a^2 = 9 + 16 = 25 \rightarrow a = \sqrt{25} \rightarrow a = 5 \text{ cm}$$

6 **En un triángulo rectángulo, un cateto mide 6 cm y la hipotenusa 10 cm. ¿Cuánto mide el otro cateto?**

Supongamos que el cateto conocido es *b*:

$$a^2 = b^2 + c^2 \xrightarrow{a = 10,\, b = 6} 10^2 = 6^2 + c^2 \rightarrow 10^2 - 6^2 = c^2 \rightarrow c^2 = 64$$
$$\rightarrow c = \sqrt{64} = 8 \text{ cm}$$

El otro cateto mide 8 cm.

7 **Comprueba si un triángulo cuyos lados miden 6, 9 y 11 cm, respectivamente, puede ser un triángulo rectángulo.**

Si es un triángulo rectángulo, se debe cumplir el teorema de Pitágoras:

$$\left.\begin{array}{r} 11^2 = 121 \\ 6^2 + 9^2 = 117 \end{array}\right\} \rightarrow 11^2 \neq 6^2 + 9^2 \rightarrow \text{No se cumple el teorema de Pitágoras.}$$

No existe un triángulo rectángulo cuyos lados midan 6, 9 y 11 cm.

DATE CUENTA

Conociendo la medida de un cateto y la hipotenusa, podemos hallar el otro cateto:

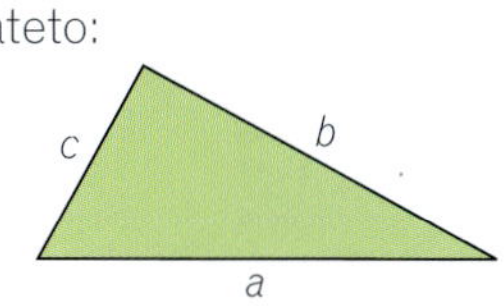

$$b^2 = a^2 - c^2 \rightarrow b = \sqrt{a^2 - c^2}$$
$$c^2 = a^2 - b^2 \rightarrow c = \sqrt{a^2 - b^2}$$

EJERCICIOS

PRACTICA

17 En un triángulo rectángulo, los catetos miden 5 y 12 cm, respectivamente. ¿Cuánto medirá la hipotenusa?

18 En un triángulo rectángulo, un cateto mide 7 cm y la hipotenusa 25 cm. ¿Cuánto mide el otro cateto?

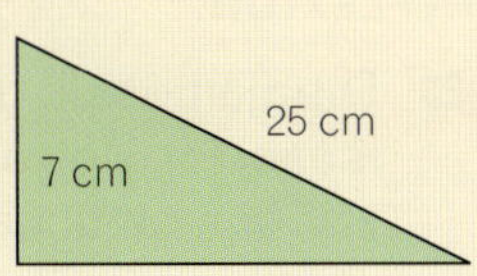

APLICA

19 Dibuja un triángulo rectángulo cuyos catetos midan 8 cm y 15 cm. Mide con la regla la hipotenusa y, después, aplica el teorema de Pitágoras para comprobar el resultado.

REFLEXIONA

20 ¿Se puede dibujar un triángulo con dos ángulos rectos? ¿Por qué?

5 Cuadriláteros

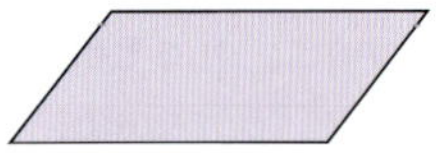

Paralelogramo

Trapecio

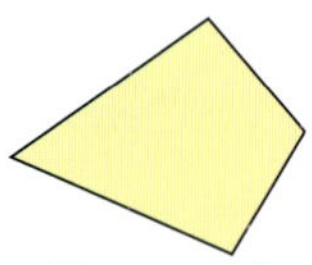

Trapezoide

Los cuadriláteros son los polígonos de cuatro lados. Se clasifican en:

- **Paralelogramos:** cuadriláteros que tienen los lados paralelos, dos a dos.
- **Trapecios:** cuadriláteros que tienen solo dos lados paralelos.
- **Trapezoides:** cuadriláteros que no tienen lados paralelos.

5.1 Paralelogramos

Los paralelogramos se clasifican en:

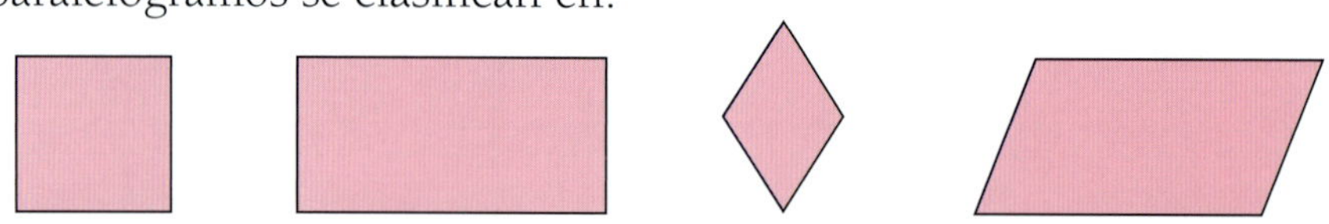

Cuadrado | Rectángulo | Rombo | Romboide

- **Cuadrado:** tiene los cuatro lados iguales y los cuatro ángulos rectos.
- **Rectángulo:** tiene los cuatro ángulos rectos.
- **Rombo:** tiene los cuatro lados iguales.
- **Romboide:** tiene los lados y los ángulos iguales, dos a dos, y no tiene ángulos rectos.

5.2 Trapecios

Los trapecios pueden ser:

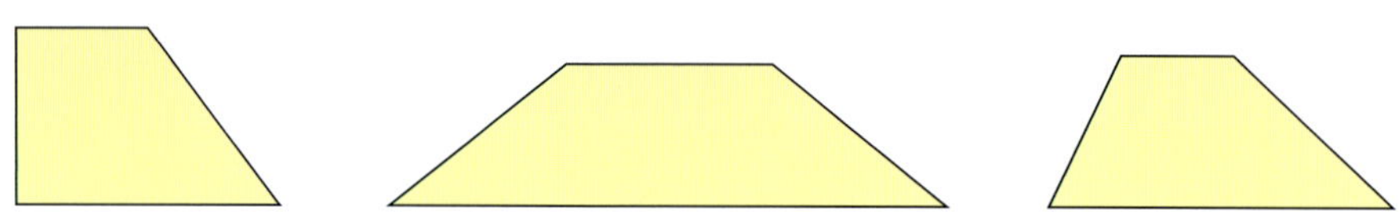

Trapecio rectángulo | Trapecio isósceles | Trapecio escaleno

- **Trapecio rectángulo:** tiene dos ángulos rectos.
- **Trapecio isósceles:** tiene dos lados iguales.
- **Trapecio escaleno:** no tiene lados iguales ni ángulos rectos.

EJERCICIOS

PRACTICA

21 Clasifica estos cuadriláteros, e indica si son cóncavos o convexos.

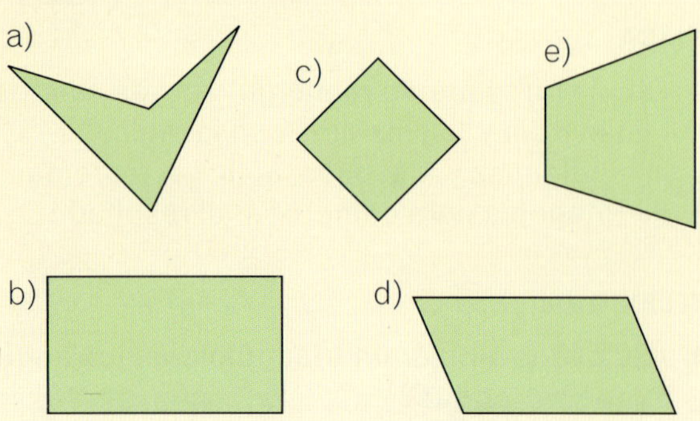

APLICA

22 Calcula la medida de $\widehat{C}$ en este trapecio rectángulo, sabiendo que $\widehat{B} = 45°$ y que la suma de los ángulos de cualquier cuadrilátero es 360°.

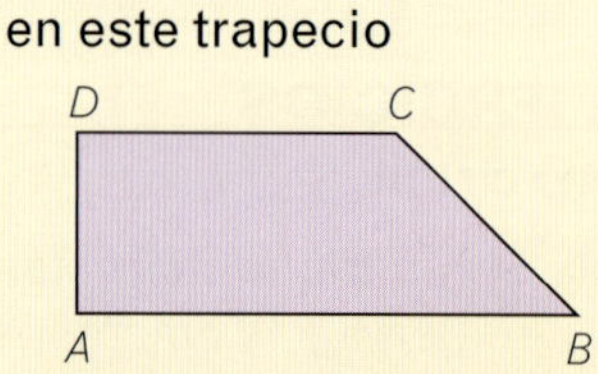

REFLEXIONA

23 Dibujamos un triángulo rectángulo, uno isósceles y otro escaleno, y los cortamos por una recta paralela a la base. ¿Qué polígonos obtenemos en cada caso?

6 Propiedades de los paralelogramos

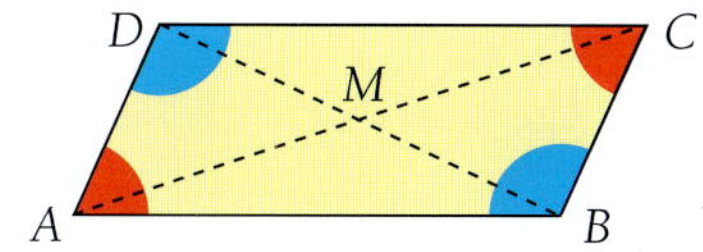

Cualquier paralelogramo cumple las siguientes propiedades:

- La suma de los ángulos de un paralelogramo es 360°.

$$\hat{A} + \hat{B} + \hat{C} + \hat{D} = 360°$$

- Los ángulos opuestos de un paralelogramo son iguales, y los contiguos, suplementarios.

Ángulos opuestos iguales $\begin{cases} \hat{A} = \hat{C} \\ \hat{B} = \hat{D} \end{cases}$ Ángulos contiguos suplementarios $\begin{cases} \hat{A} + \hat{B} = 180° & \hat{C} + \hat{B} = 180° \\ \hat{A} + \hat{D} = 180° & \hat{C} + \hat{D} = 180° \end{cases}$

- Un paralelogramo tiene dos diagonales que lo dividen en dos triángulos iguales y que se cortan en el punto medio de ambas.

$$\overline{MA} = \overline{MC} \qquad \overline{MB} = \overline{MD}$$

RECUERDA

Dos ángulos de lados paralelos, uno agudo y el otro obtuso, son suplementarios.

$\hat{A} + \hat{B} = 180°$

EJEMPLOS

8 Halla la medida de la diagonal de un cuadrado si el lado mide 4 cm.

La diagonal divide el cuadrado en dos triángulos rectángulos iguales, en los que los catetos son los lados, y la hipotenusa, la diagonal.
Aplicando el teorema de Pitágoras:

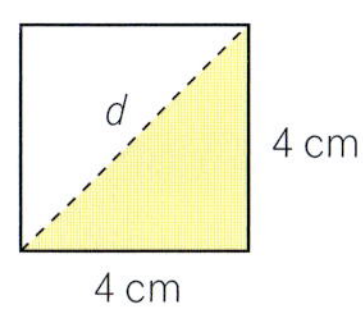

$d^2 = l^2 + l^2$

$d^2 = 4^2 + 4^2 \rightarrow d^2 = 16 + 16 \rightarrow d^2 = 32 \rightarrow d = \sqrt{32} \approx 5{,}66$ cm

9 Determina la diagonal menor (d) de un rombo de lado 5 cm y cuya diagonal mayor (D) mide 8 cm.

El rombo queda dividido, por sus dos diagonales, en cuatro triángulos rectángulos iguales cuya hipotenusa es el lado (l), y los catetos, la mitad de sus diagonales (b y c).

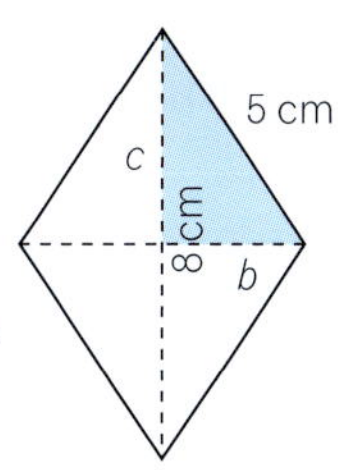

$c = \frac{D}{2} = \frac{8}{2} = 4$ cm

Aplicando el teorema de Pitágoras:

$l^2 = b^2 + c^2 \rightarrow 5^2 = 4^2 + b^2 \rightarrow b^2 = 5^2 - 4^2 = 9 \rightarrow b = \sqrt{9} = 3$ cm

$b = \frac{d}{2} \rightarrow d = b \cdot 2 = 3 \cdot 2 = 6$ cm

La diagonal menor del rombo mide 6 cm.

EJERCICIOS

PRACTICA

24 Determina lo que miden los ángulos de un paralelogramo que tiene un ángulo de 80°.

25 Halla la diagonal de un rectángulo de lados 3 cm y 4 cm.

26 Calcula la diagonal mayor de un rombo de lado 50 cm y diagonal menor 28 cm.

APLICA

27 Indica la medida del lado de un rombo cuyas diagonales miden 16 cm y 30 cm.

REFLEXIONA

28 Calcula el lado de un cuadrado cuya diagonal mide 14 cm.

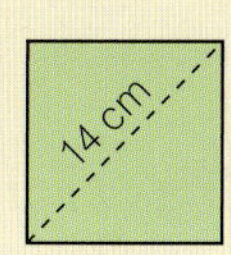

7 Circunferencias

7.1 Elementos de la circunferencia

La **circunferencia** es una curva cerrada y plana cuyos puntos están situados a la misma distancia de otro punto llamado centro, *O*.

SE ESCRIBE ASÍ

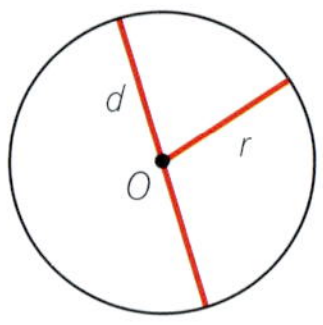

Una circunferencia se suele representar por una letra mayúscula: *C*, *C'*, C_1, C_2...

- Su centro: *O*, *O'*, O_1, O_2...
- Su radio: *r*, *r'*, r_1, r_2...
- Su diámetro: *d*, *d'*, d_1, d_2...

Un arco se suele designar mediante los dos puntos que lo determinan y el símbolo ⌒. Siempre se nombra en sentido contrario al movimiento de las agujas del reloj.

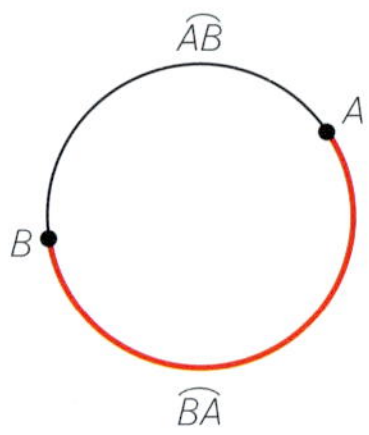

Los elementos de una circunferencia son:

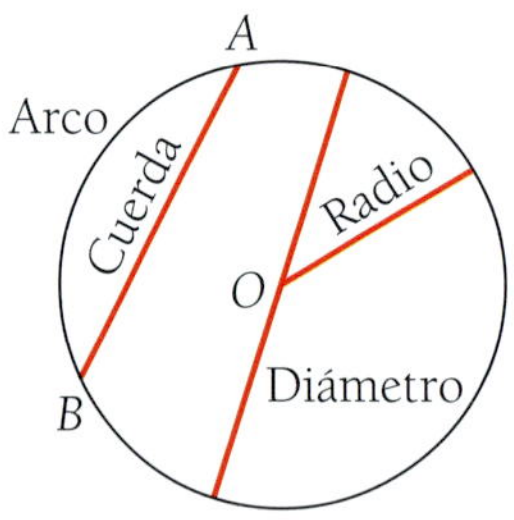

- **Centro de la circunferencia:** es el punto del cual equidistan todos los puntos que la forman.
- **Radio:** es un segmento que une el centro con un punto cualquiera de la circunferencia.
- **Cuerda:** es un segmento que une dos puntos de la circunferencia.
- **Diámetro:** es una cuerda que pasa por el centro de la circunferencia.
- **Arco:** es la parte de la circunferencia comprendida entre dos puntos de ella.

A cada cuerda le corresponden dos arcos. Si la cuerda coincide con el diámetro, las longitudes de los dos arcos son iguales, y el arco se llama **semicircunferencia**.

7.2 Ángulo central e inscrito

Un **ángulo central** de una circunferencia es un ángulo que tiene su vértice en el centro de la circunferencia.

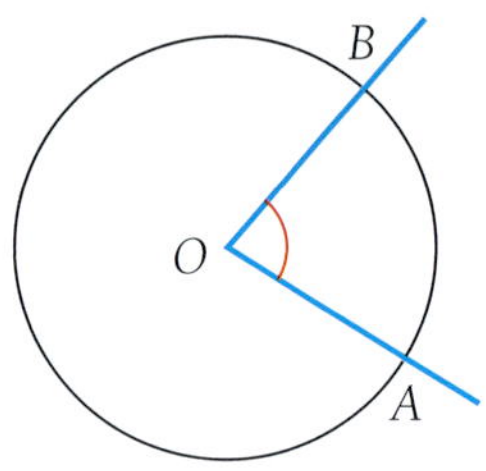

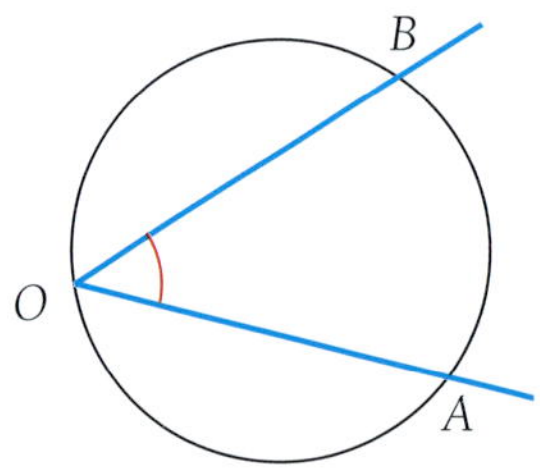

Un **ángulo inscrito** es un ángulo que tiene su vértice en un punto de la circunferencia y sus dos lados cortan a la circunferencia.

EJERCICIOS

PRACTICA

29 Indica el nombre de cada uno de los elementos de la siguiente circunferencia:

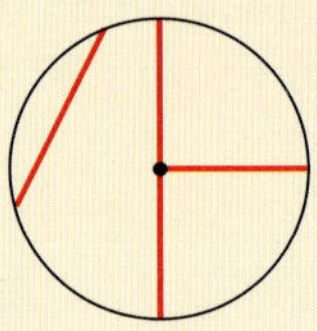

30 Dibuja una circunferencia de radio 5 cm.

APLICA

31 Dibuja una circunferencia de radio 4 cm, y señala sobre ella un diámetro, un radio, un arco y una cuerda. ¿Cuánto mide el diámetro?

REFLEXIONA

32 Fíjate en la rueda de este carro. Indica qué elementos de la circunferencia observas.

8 Posiciones relativas en el plano

8.1 Posiciones relativas de un punto y una circunferencia

Dada una circunferencia, un punto, *P*, puede situarse en diferentes posiciones respecto de la misma:

- Dentro de la circunferencia: *P* es un **punto interior**.
- Sobre la circunferencia: *P* es un **punto de la circunferencia**.
- Fuera de la circunferencia: *P* es un **punto exterior**.

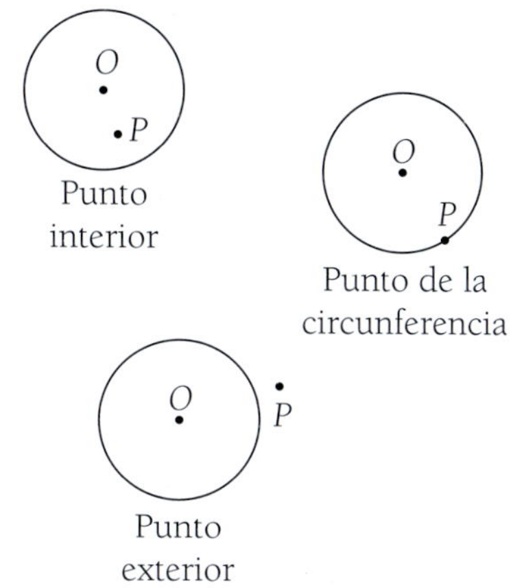

8.2 Posiciones relativas de una recta y una circunferencia

Una recta, *s*, puede situarse en tres posiciones respecto de una circunferencia:

- Si corta a la circunferencia en dos puntos, *A* y *B*: la **recta** *s* es **secante** a la circunferencia.
- Si la recta y la circunferencia tienen un único punto, *P*, en común: la **recta** *s* es **tangente** a la circunferencia.
- Si la recta y la circunferencia no tienen ningún punto en común: la **recta** *s* es **exterior** a la circunferencia.

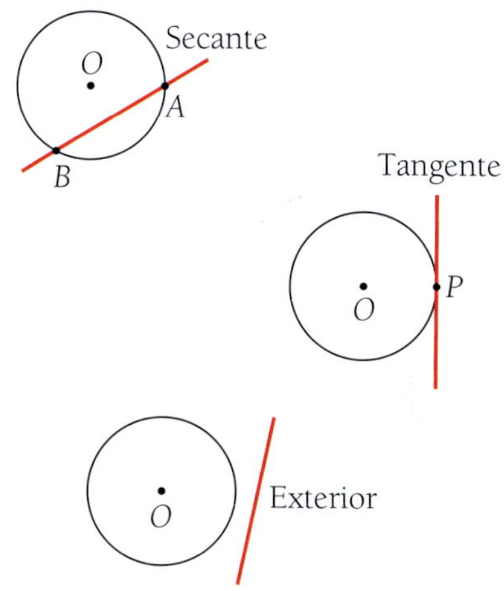

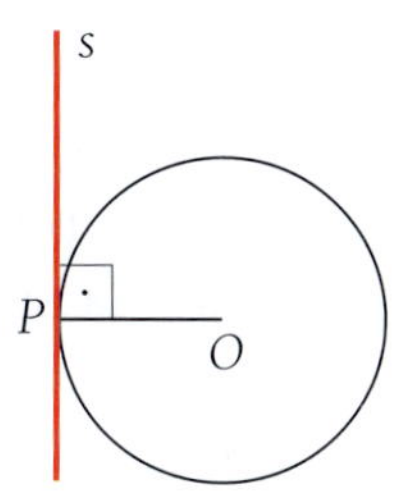

La recta *s* es tangente a la circunferencia en el punto *P* (punto de tangencia). Se puede comprobar también que la tangente en el punto *P* es perpendicular al radio.

Una recta tangente a una circunferencia es perpendicular al radio que va del centro al punto de tangencia.

EJERCICIOS

PRACTICA

33 Indica cuál es la posición relativa de cada una de las rectas respecto de la siguiente circunferencia:

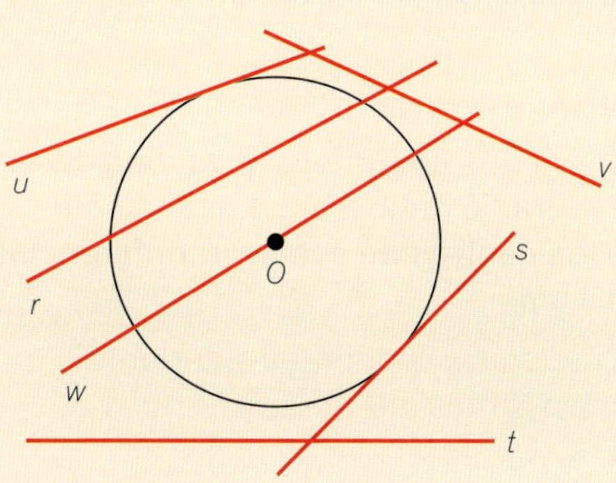

APLICA

34 Deduce la posición relativa de una circunferencia de radio *r* y una recta que se halla a una distancia *d* de su centro, en los siguientes casos.

a) $r = 6$ cm, $d = 4$ cm

b) $r = 6$ cm, $d = 6$ cm

c) $r = 4$ cm, $d = 6$ cm

d) $r = 4$ cm, $d = 0$ cm

REFLEXIONA

35 Con una moneda o un vaso, dibuja en tu cuaderno una circunferencia. ¿Sabrías indicar su centro?

8.3 Posiciones relativas de dos circunferencias

Dos circunferencias pueden ocupar diferentes posiciones:

Concéntricas

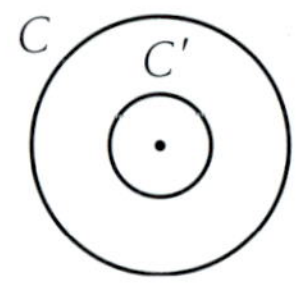

Tangentes interiores

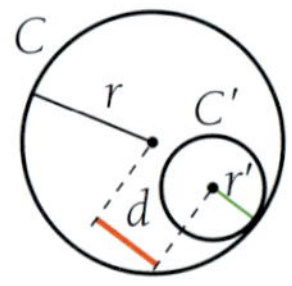

Secantes

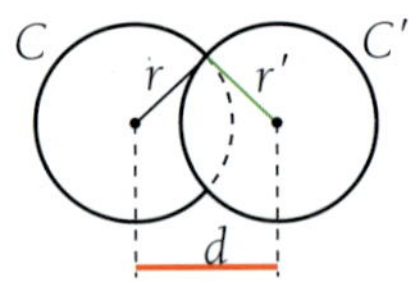

Interiores

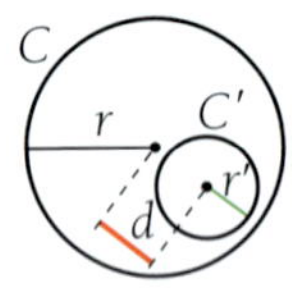

Tangentes exteriores

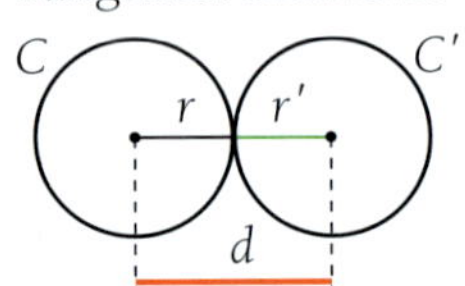

Exteriores

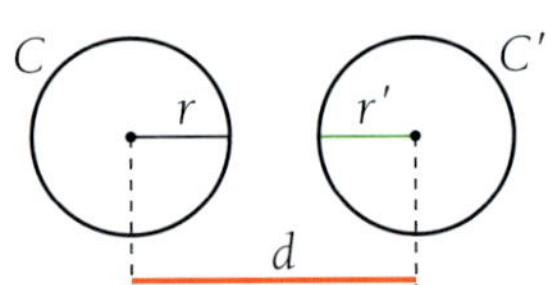

- **Circunferencias concéntricas:** no tienen ningún punto en común, y tienen el mismo centro, O, y distinto radio. La distancia, d, entre los centros es cero.

$$d = 0$$

- **Circunferencias tangentes interiores:** tienen un punto en común y distinto centro. La distancia, d, entre sus centros es igual que la diferencia de los radios.

$$d = r - r'$$

- **Circunferencias secantes:** tienen dos puntos en común. La distancia, d, entre sus centros es menor que la suma de los radios y mayor que su diferencia.

$$d < r + r' \qquad d > r - r'$$

- **Circunferencias interiores:** no tienen ningún punto en común y tienen distintos centros. La distancia, d, entre sus centros es menor que la diferencia de los radios.

$$d < r - r'$$

- **Circunferencias tangentes exteriores:** tienen un solo punto en común. La distancia, d, entre sus centros es igual que la suma de sus radios.

$$d = r + r'$$

- **Circunferencias exteriores:** no tienen ningún punto en común. La distancia, d, entre sus centros es mayor que la suma de los radios.

$$d > r + r'$$

EJERCICIOS

PRACTICA

36 Indica la posición relativa de las circunferencias: la polea de la cadena de una bicicleta y la maquinaria interna de un reloj.

a)

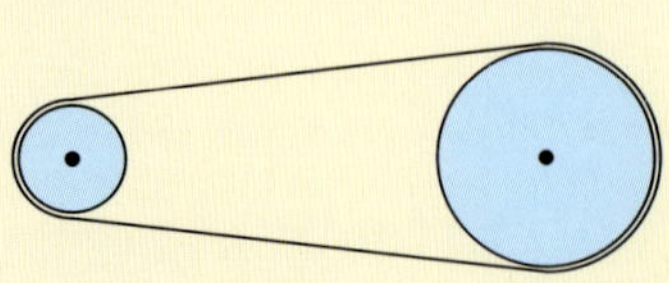

b)

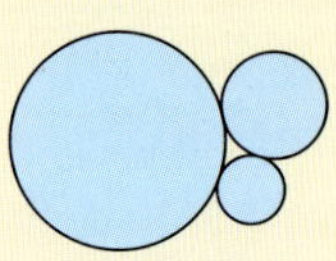

APLICA

37 Dadas dos circunferencias de radios 6 y 3 cm, respectivamente, dibuja en tu cuaderno todas sus posibles posiciones.

REFLEXIONA

38 Tenemos dos circunferencias, una de radio 3 cm y otra de radio 4 cm. La distancia entre los centros de estas circunferencias es de 4 cm.

a) ¿Pueden ser tangentes exteriores? ¿Y tangentes interiores?

b) ¿Qué posición relativa ocupan?

9 Polígonos regulares e inscritos

Un **polígono inscrito** en una circunferencia es un polígono que tiene todos sus vértices situados en la circunferencia.

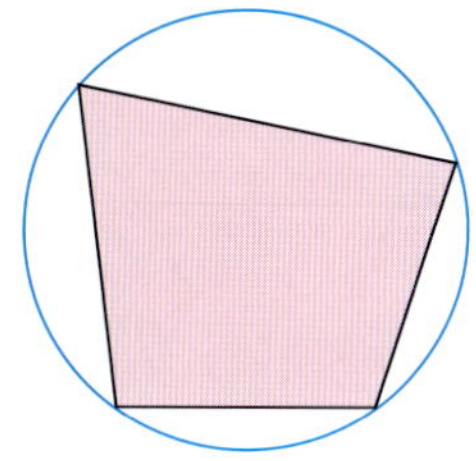

Cuadrilátero inscrito en una circunferencia

Cualquier polígono regular está inscrito:

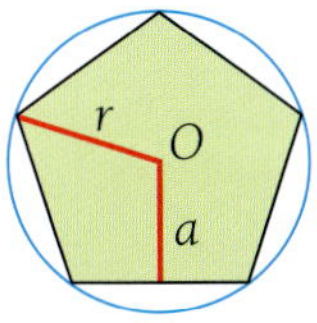

- El centro de la circunferencia, *O*, se llama **centro** del polígono y su radio, *r*, se denomina **radio** del polígono.
- El segmento trazado desde el centro de la circunferencia al punto medio de un lado, *a*, es la **apotema** del polígono regular.

Construcción de polígonos regulares

Construcción de un hexágono regular

1.º Traza una circunferencia y, a partir de un punto *P* de ella, lleva cuerdas iguales al radio.

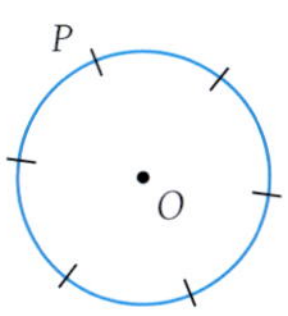

2.º Une los seis puntos de división que quedan marcados.

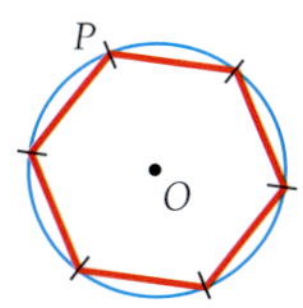

Construcción de un triángulo equilátero

1.º Traza una circunferencia y divídela en seis partes iguales.

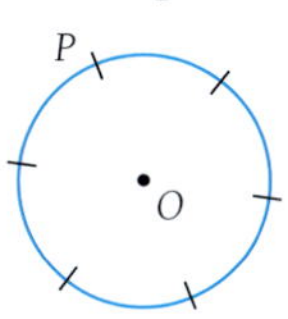

2.º Une, de dos en dos, los puntos de división.

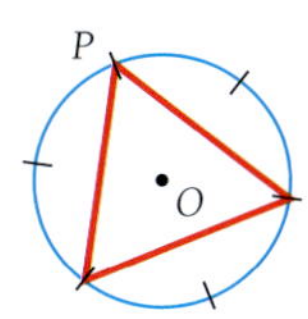

Construcción de un cuadrado

1.º Traza una circunferencia y dibuja en ella dos diámetros perpendiculares.

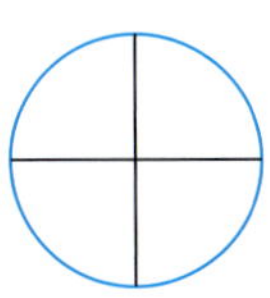

2.º Une los extremos de los diámetros.

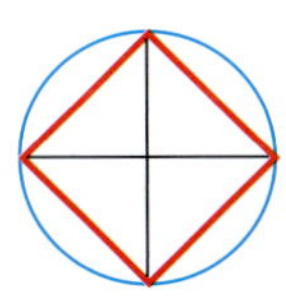

EJERCICIOS

PRACTICA

39 Traza un hexágono regular inscrito en una circunferencia. Después, traza los tres diámetros que unen sus vértices opuestos. ¿En cuántos triángulos queda descompuesto el hexágono? Comprueba que todos los triángulos formados son equiláteros.

APLICA

40 Si divides una circunferencia en diez partes y unes cada par de puntos, ¿qué polígono se forma?

REFLEXIONA

41 ¿Cómo podrías dibujar un octógono regular?

Lo esencial

COMPRENDE ESTAS PALABRAS

Polígono

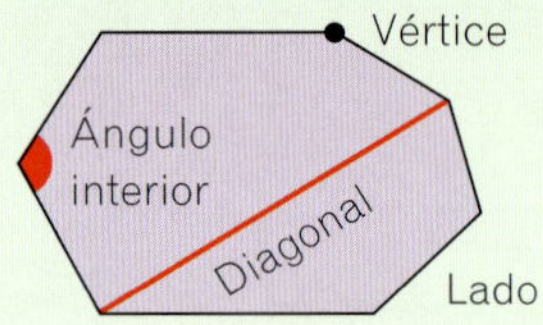

Polígono cóncavo y convexo

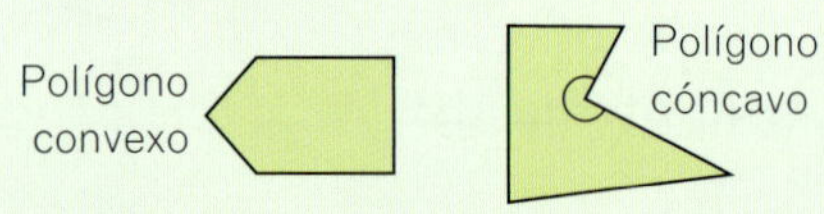

Triángulos

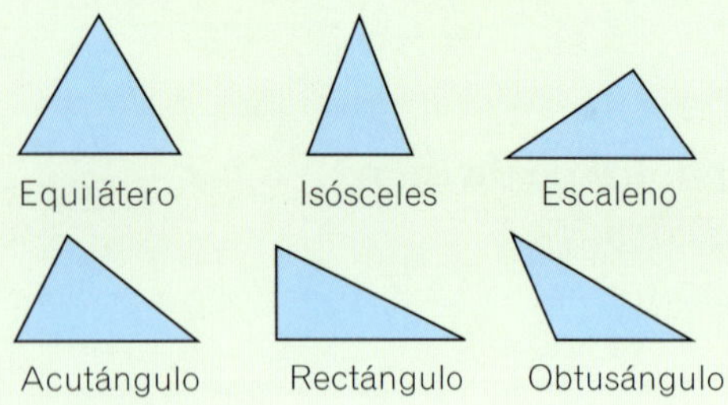

Rectas y puntos notables de un triángulo

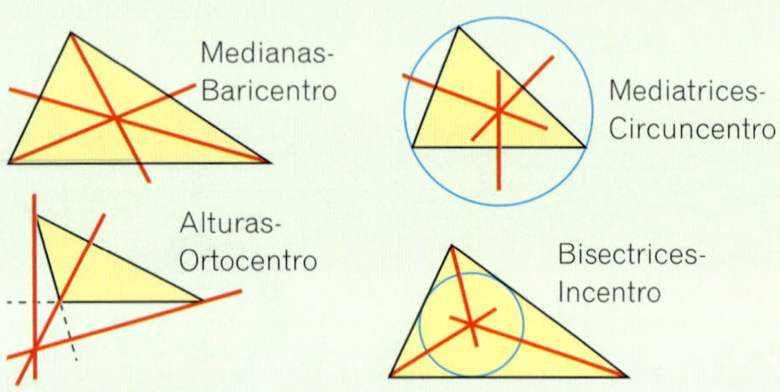

Cuadriláteros

Paralelogramos

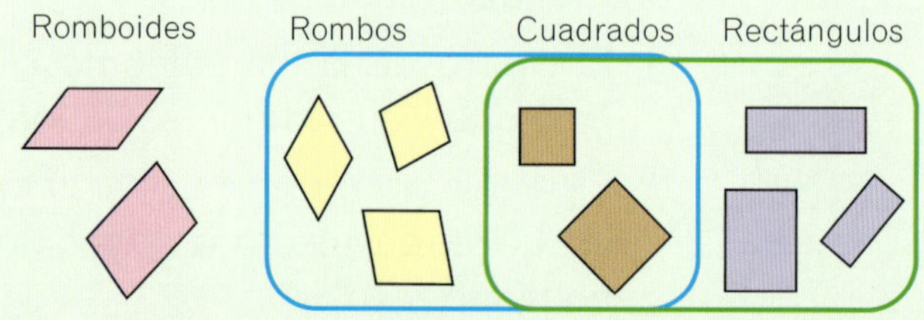

Trapecios

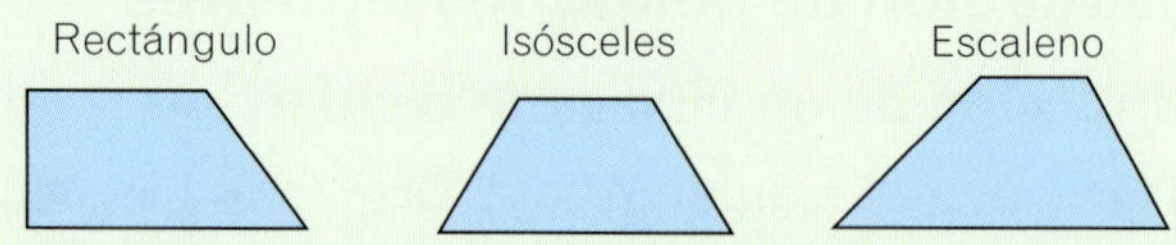

Trapezoides

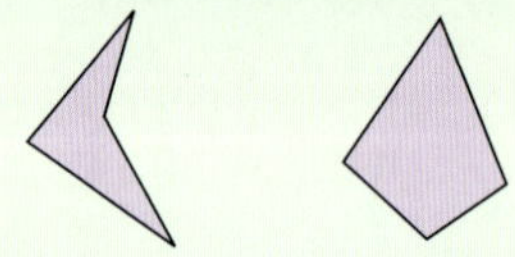

Polígono regular

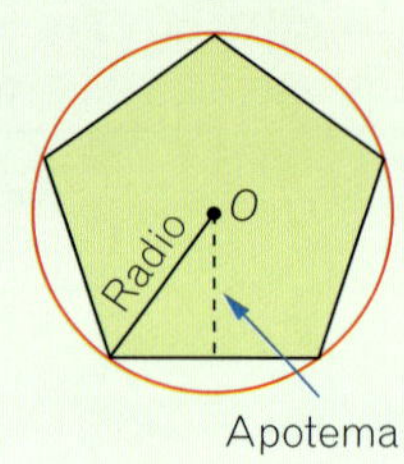

Circunferencia

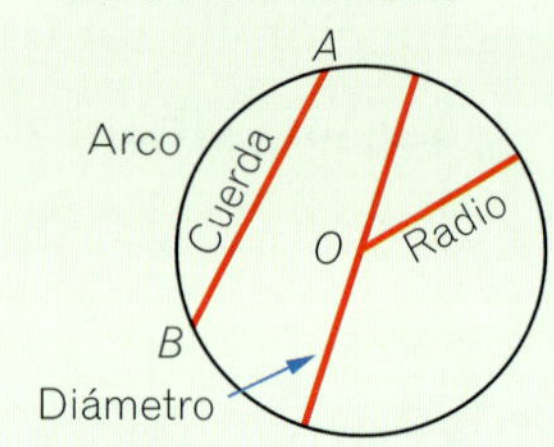

HAZLO DE ESTA MANERA

1. DETERMINAR LOS EJES DE SIMETRÍA DE UN POLÍGONO

Determina los ejes de simetría de un pentágono regular y de un hexágono regular.

PRIMERO. Cuando el número de vértices es impar, comprobamos si son ejes de simetría las rectas que pasan por cada uno de sus vértices y el punto medio del lado opuesto.

Un pentágono regular tiene 5 ejes de simetría.

SEGUNDO. Cuando el número de vértices es par, comprobamos si son ejes de simetría las rectas que unen dos vértices opuestos y las rectas que pasan por los puntos medios de dos lados opuestos.

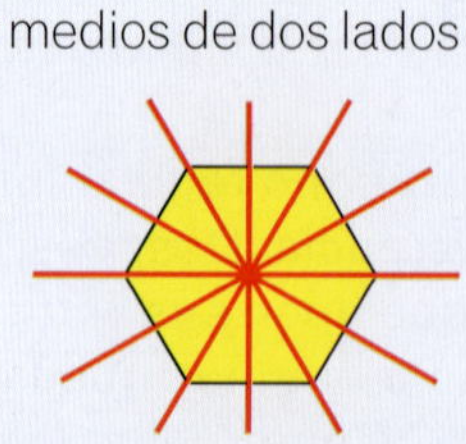

Un hexágono regular tiene 6 ejes de simetría.

2. HALLAR UNO DE LOS LADOS DE UN TRIÁNGULO RECTÁNGULO

Determina el lado que falta en estos triángulos rectángulos.

a) 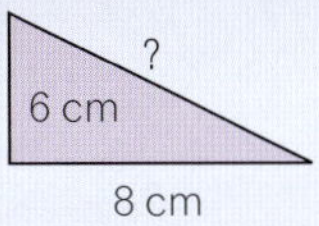

b) 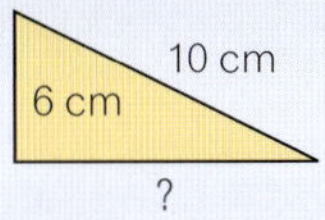

PRIMERO. Sustituimos, en el teorema de Pitágoras, cada letra por su valor. La letra *a* representa la hipotenusa, y *b* y *c* son los catetos.

a) $a^2 = b^2 + c^2 \xrightarrow{b = 8,\, c = 6} a^2 = 8^2 + 6^2$

b) $a^2 = b^2 + c^2 \xrightarrow{a = 10,\, c = 6} 10^2 = b^2 + 6^2$

SEGUNDO. Despejamos la letra desconocida en la ecuación resultante.

a) $a^2 = 8^2 + 6^2 \rightarrow a^2 = 100 \rightarrow a = \sqrt{100} = 10$ cm

b) $10^2 = b^2 + 6^2 \rightarrow b^2 = 10^2 - 6^2 = 64$
$\rightarrow b^2 = 64 \rightarrow b = \sqrt{64} = 8$ cm

3. DETERMINAR SI UN TRIÁNGULO ES RECTÁNGULO

Determina si el triángulo cuyos lados miden 5, 12 y 13 cm, respectivamente, es rectángulo.

PRIMERO. Asignamos la medida mayor a la hipotenusa y las otras dos a los catetos.

$a = 13 \qquad b = 5 \qquad c = 12$

SEGUNDO. Comprobamos si se cumple el teorema de Pitágoras.

- Si se cumple el teorema de Pitágoras, el triángulo es rectángulo.
- En caso contrario, no es un triángulo rectángulo.

$a^2 = b^2 + c^2 \xrightarrow{a = 13,\, b = 5,\, c = 12} 13^2 = 5^2 + 12^2$
$\rightarrow 169 = 25 + 144 \rightarrow 169 = 169$

En este caso se cumple la igualdad, y el triángulo es rectángulo.

4. CALCULAR LA DIAGONAL DE UN CUADRADO O UN RECTÁNGULO

Halla la diagonal de un rectángulo cuyos lados miden 5 cm y 7 cm.

PRIMERO. La diagonal es la hipotenusa de un triángulo rectángulo cuyos catetos son los lados de la figura.

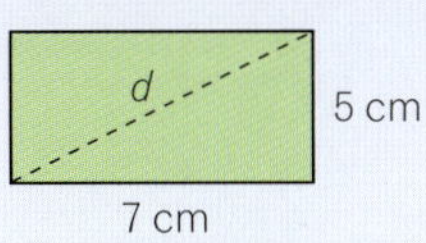

$b = 5$ cm
$c = 7$ cm

SEGUNDO. Aplicamos el teorema de Pitágoras.

$d^2 = b^2 + c^2 \xrightarrow{b = 5,\, c = 7} d^2 = 5^2 + 7^2 = 74$
$\rightarrow d = \sqrt{74} \approx 8{,}6$ cm

La diagonal mide aproximadamente 8,6 cm.

Y AHORA... PRACTICA

Comprende estas palabras

1. Di cuál de estos polígonos es regular.

a) Un triángulo equilátero.
b) Un cuadrado.
c) Un rectángulo.
d) Un rombo.

2. ¿Puede haber un triángulo isósceles y rectángulo a la vez?

3. El diámetro de una circunferencia, ¿cuántos arcos determina? ¿Son iguales?

Determinar los ejes de simetría de un polígono

4. ¿Cuántos ejes de simetría tiene un octógono regular?

Hallar uno de los lados de un triángulo rectángulo

5. Calcula la hipotenusa de un triángulo rectángulo cuyos catetos miden 21 cm y 28 cm.

Determinar si un triángulo es rectángulo

6. Un triángulo tiene dos lados que miden 15 cm y 12 cm. ¿Cuánto tiene que medir el tercer lado para que sea un triángulo rectángulo?

Calcular la diagonal de un cuadrado o un rectángulo

7. Determina la diagonal de un cuadrado de 4 cm de lado.

Actividades

POLÍGONOS

42. ● Indica el nombre de cada uno de los elementos del polígono.

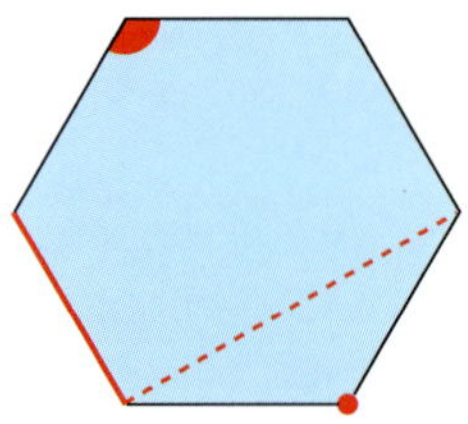

a) Señala sus vértices.
b) ¿Cuántos lados tiene?
c) ¿Cuántas diagonales puedes dibujar?
d) ¿Cuántos ángulos tiene?
e) ¿Cómo se llama este polígono?
f) ¿Es regular? ¿Por qué?
g) ¿Es cóncavo o convexo?

43. ● Indica el nombre de estos polígonos según su número de lados.

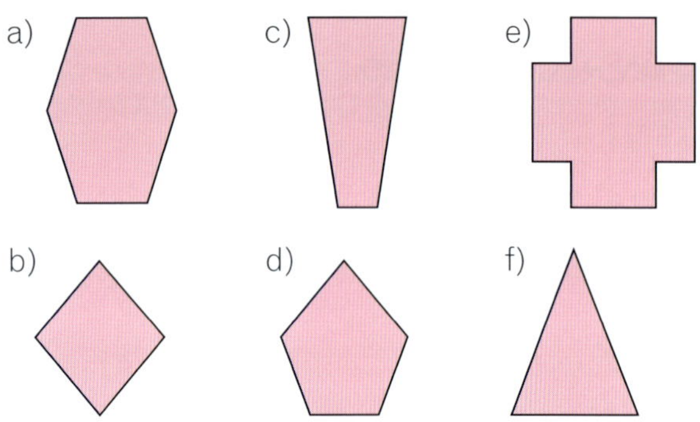

44. ● Traza tres polígonos que sean convexos y otros tres que sean cóncavos.

45. ● Dibuja la siguiente figura en tu cuaderno.

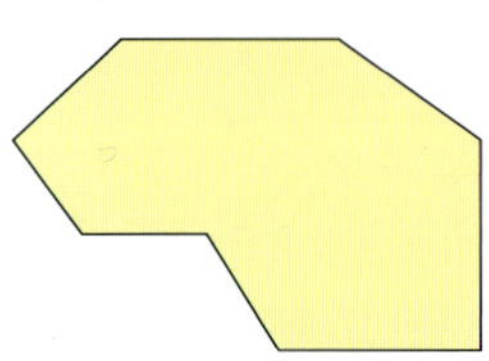

a) ¿Cuántos lados tiene?
b) Por su número de lados, ¿qué nombre recibe?
c) Dibuja sus diagonales. ¿Cuántas tiene?
d) Señala sus ángulos. ¿Cuántos tiene?
e) Calcula la suma de sus ángulos interiores.
f) Halla el valor de cada uno de esos ángulos. ¿Se puede calcular?

46. ●● Calca este octógono regular. ¿Cuántos ejes de simetría tiene?

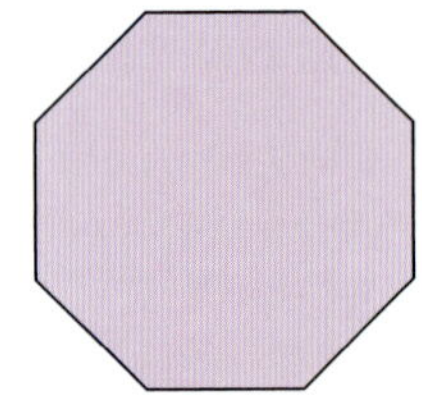

47. ●● Determina los ejes de simetría.

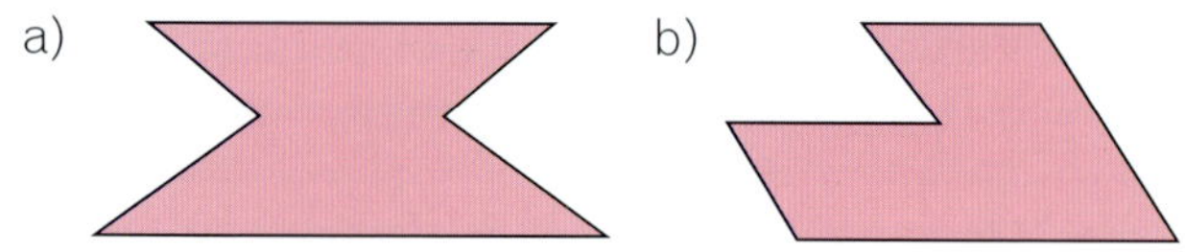

48. ●● Estas rectas son ejes de simetría de un rectángulo.

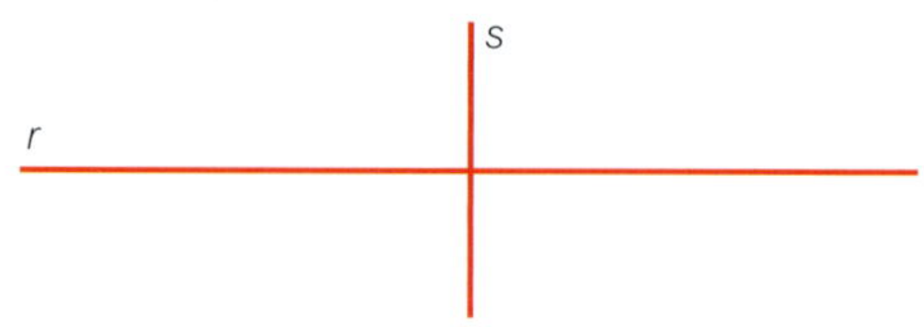

a) Dibuja ese rectángulo.
b) ¿Cuántos rectángulos cumplen esta condición?
c) ¿Puedes dibujar un polígono de más de cuatro lados cuyos ejes de simetría sean r y s?

49. ●● Dibuja un polígono que:

a) No tenga ejes de simetría.
b) Tenga un solo eje de simetría.
c) Tenga dos ejes de simetría.
d) Tenga tres ejes de simetría.

TRIÁNGULOS

HAZLO ASÍ

¿CÓMO SE DIBUJA UN TRIÁNGULO CONOCIENDO LA MEDIDA DE SUS LADOS?

50. Construye un triángulo con lados $a = 5$ cm, $b = 4$ cm y $c = 3$ cm.

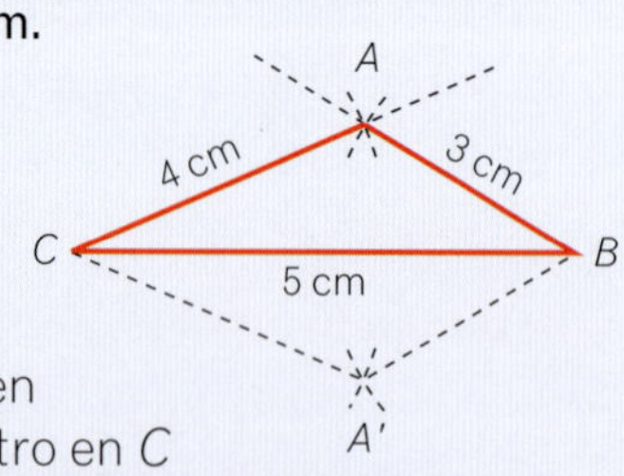

PRIMERO. Se traza un segmento igual a un lado, a. Los extremos son los vértices C y B.

SEGUNDO. Se construyen dos arcos, uno con centro en C y radio b, y otro con centro en B y radio c.

TERCERO. Se unen B y C con los dos puntos de intersección de los arcos. Se obtienen dos triángulos, siendo ambos solución.

51. ● Construye un triángulo rectángulo e isósceles cuyos catetos midan 3 cm.

52. ● Clasifica estos triángulos según sus lados y ángulos.

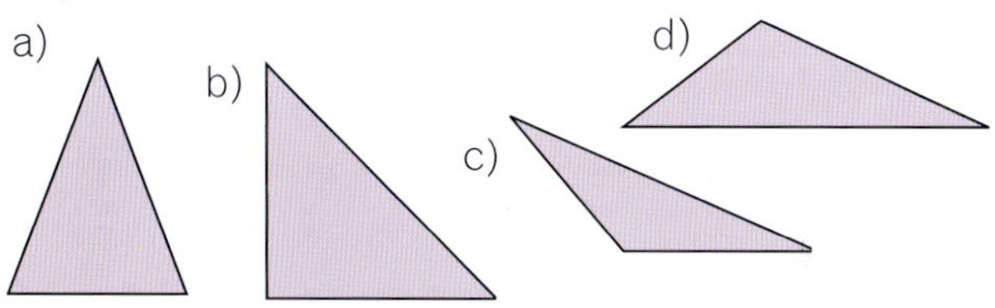

Determina el número de ángulos agudos, rectos y obtusos que tiene cada uno.

53. ● En un triángulo rectángulo, un ángulo mide 45°. ¿Cuánto miden los otros ángulos?

54. ● En un triángulo, dos de sus ángulos miden 20° y 70°, respectivamente. ¿Cuánto mide el tercer ángulo? ¿Cómo se llama el triángulo?

55. ●● ¿Cuál es la medida del ángulo $\widehat{C}$ en el triángulo $\widehat{ABC}$ si $\widehat{A} = 35°\ 32'\ 30''$ y $\widehat{B} = 50°\ 50'$?

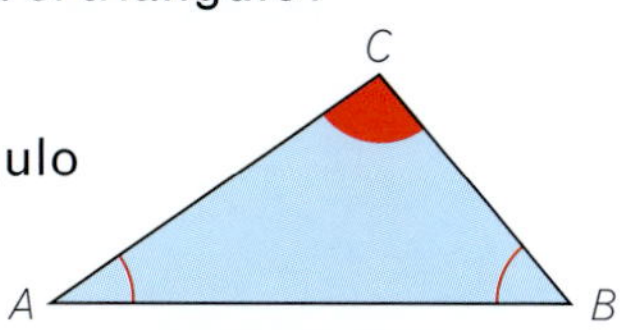

56. ● Un triángulo isósceles tiene el ángulo desigual de 50°. ¿Cuánto miden los ángulos iguales?

HAZLO ASÍ

¿CÓMO SE DETERMINA SI SE PUEDE CONSTRUIR UN TRIÁNGULO CON TRES SEGMENTOS DADOS?

57. ¿Se puede dibujar un triángulo cuyos lados miden 5, 6 y 16 cm, respectivamente?

PRIMERO. Se estudia si cualquiera de los lados es menor que la suma de los otros dos.

$a = 5$ cm $\quad b = 6$ cm $\quad c = 16$ cm

$a < b + c$	$b < a + c$	$c < a + b$
$5 < 6 + 16$ $5 < 22$	$6 < 5 + 16$ $6 < 21$	$16 \not< 5 + 6$ $16 \not< 11$

SEGUNDO.

- Si se cumplen las tres desigualdades, las medidas determinan un triángulo.
- En caso contrario, no se puede construir un triángulo con esos tres segmentos.

En este caso, no se cumple una desigualdad: $16 \not< 5 + 6$; por tanto, no existe un triángulo de lados 5, 6 y 16 cm.

58. ● Analiza, en cada caso, las medidas y averigua con cuáles se puede formar un triángulo.

a) $a = 8$ cm, $b = 7$ cm, $c = 1$ cm

b) $a = 6$ cm, $b = 6$ cm, $c = 13$ cm

c) $a = 12$ cm, $b = 14$ cm, $c = 6$ cm

59. ●● El ángulo exterior de un triángulo isósceles, como el de la figura, mide 168° 35′. Calcula el valor de los tres ángulos del triángulo.

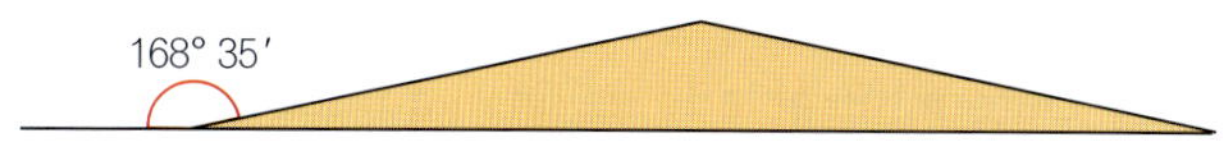

60. ● ¿Cuál será el valor de los ángulos en un triángulo equilátero?

61. ● Un triángulo rectángulo, ¿puede ser equilátero? ¿Por qué?

62. ● Escribe en tu cuaderno el nombre de las rectas notables dibujadas en los triángulos.

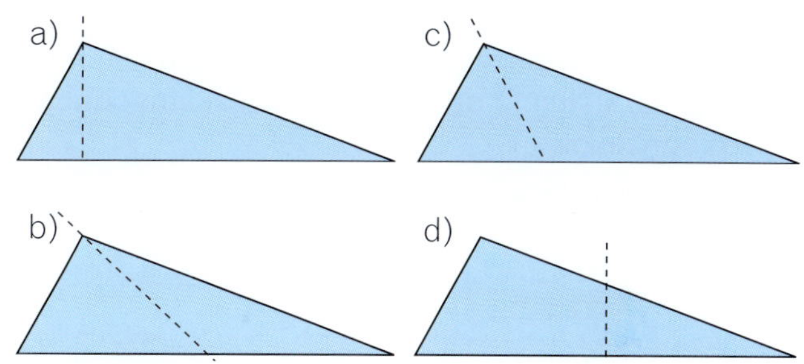

63. ●● Dibuja tres triángulos: uno acutángulo, otro rectángulo y otro obtusángulo. Determina sus circuncentros. ¿Cómo son respecto a cada uno de los triángulos?

64. ●● Construye varios triángulos rectángulos y calcula su ortocentro. ¿Qué observas?

TEOREMA DE PITÁGORAS

65. ● En un triángulo rectángulo, los catetos miden 12 y 16 cm, respectivamente. Calcula la hipotenusa.

66. ● En un triángulo rectángulo, un cateto mide 21 cm y la hipotenusa 75 cm. Halla el otro cateto.

67. ● En un triángulo rectángulo isósceles, los catetos miden 12 cm. Determina el valor de la hipotenusa.

68. ● En un triángulo rectángulo, los catetos miden 25 y 60 cm, respectivamente. Calcula la hipotenusa.

69. ● Indica si los siguientes triángulos son rectángulos o no. Si no lo son, calcula el valor de la hipotenusa para que lo sean.

a) Lados: 12, 16 y 20 cm.
b) Lados: 5, 6 y 13 cm.
c) Lados: 18, 24 y 32 cm.

70. ● Calcula la diagonal de un cuadrado sabiendo que el lado mide 8 cm.

71. ● Determina el lado de un cuadrado si la diagonal mide 7 cm.

72. ●● Calcula la altura de un triángulo equilátero cuyo lado mide 10 cm.

CUADRILÁTEROS

73. ● Dibuja un cuadrilátero, señala las diagonales, los vértices, los ángulos y los lados.

74. ● Clasifica los siguientes cuadriláteros en función del paralelismo de sus lados. Di si son cóncavos o convexos.

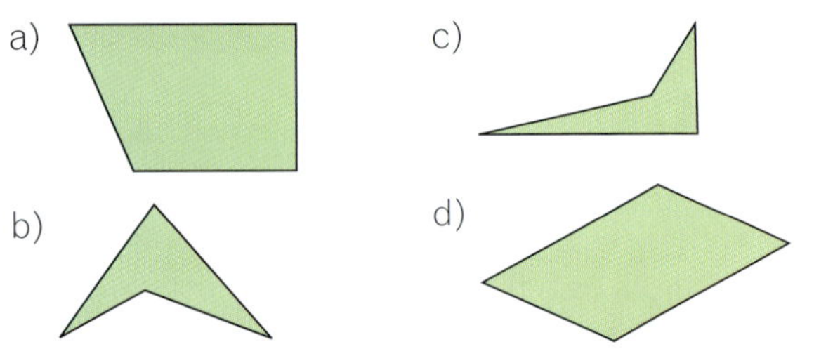

75. ● Clasifica estos cuadriláteros en función de sus ángulos y del paralelismo de sus lados.

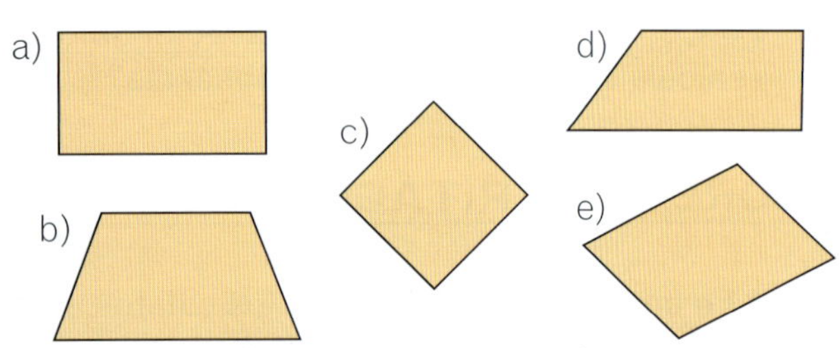

76. ● Calcula el ángulo que falta en cada uno de los cuadriláteros.

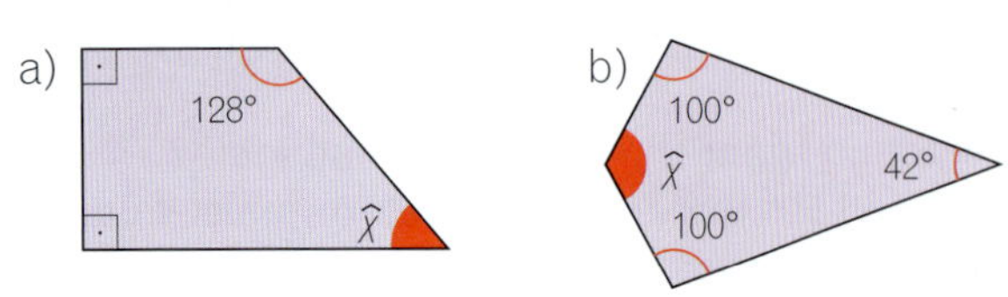

HAZLO ASÍ

¿CÓMO SE CALCULAN LOS ÁNGULOS DE UN PARALELOGRAMO?

77. Halla el valor de todos los ángulos de este paralelogramo.

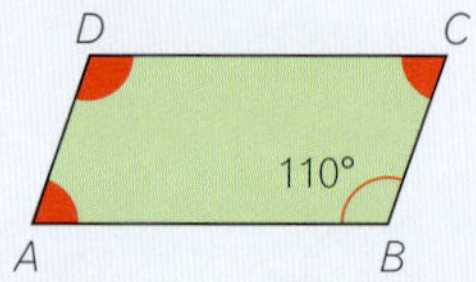

PRIMERO. Los ángulos contiguos son suplementarios.

$$\hat{A} + \hat{B} = 180° \rightarrow \hat{A} = 180° - 110° = 70°$$

SEGUNDO. Los ángulos opuestos son iguales.

$$\hat{D} = \hat{B} = 110°$$
$$\hat{C} = \hat{A} = 70°$$

78. ●● Halla los ángulos de cada paralelogramo.

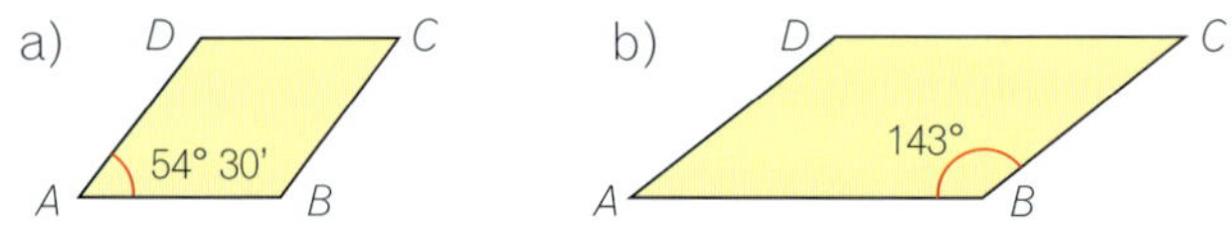

79. ● Un ángulo de un rombo vale 35°. Determina el valor del resto de ángulos.

80. ●● Un trapecio isósceles tiene dos ángulos de 45°. ¿Cuánto valen los otros ángulos?

81. ●● Calcula el valor del ángulo $\hat{C}$ del cuadrilátero.

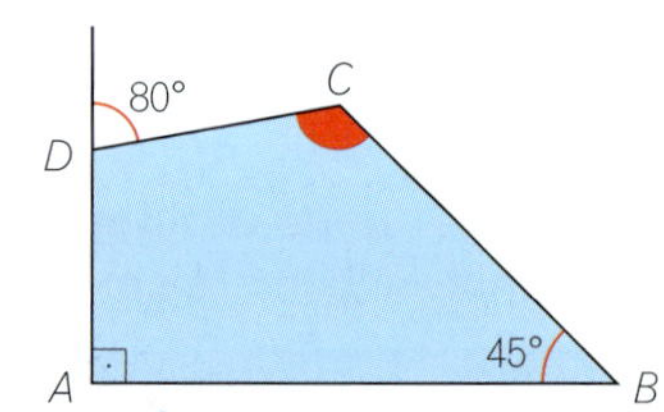

82. ●● Indica si las afirmaciones son verdaderas o falsas.

a) Si un paralelogramo tiene un ángulo recto, todos sus ángulos son rectos.
b) Si un cuadrilátero tiene un ángulo recto, tiene al menos otro ángulo recto.
c) Si un cuadrilátero tiene dos diagonales iguales, es un paralelogramo.
d) Hay cuadriláteros que no son paralelogramos y que tienen las diagonales iguales.
e) Un cuadrilátero que no sea paralelogramo puede tener dos ángulos rectos.
f) Un cuadrilátero que no sea paralelogramo puede tener tres ángulos rectos.

CIRCUNFERENCIAS

83. ● Dibuja una circunferencia con un compás. Después, traza una cuerda y señala con colores diferentes los dos arcos que determina.

84. ● Dibuja una circunferencia de radio 4 cm, y señala en ella un radio, un diámetro y una cuerda.

85. ● En la circunferencia de la figura se han trazado varios segmentos. Indica el nombre de cada uno de ellos.

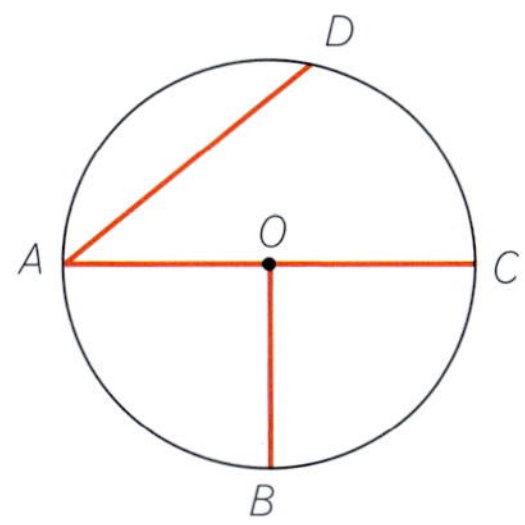

86. ● Observa la circunferencia de la figura. Completa y responde.

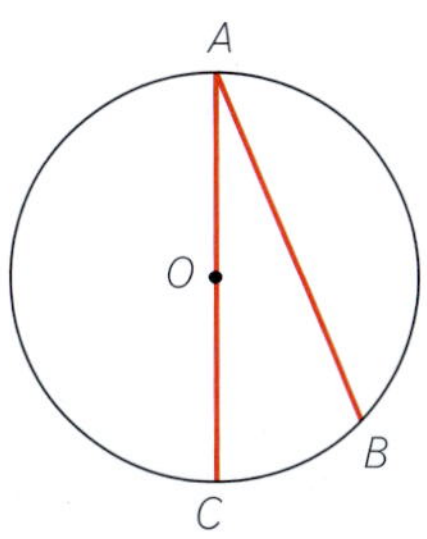

a) El segmento *AB* es una…

b) El segmento *AC* es un…

c) Si los segmentos cortan a dos puntos de la circunferencia, ¿por qué no reciben el mismo nombre?

87. ● Dibuja una circunferencia y señala dos puntos interiores en rojo, tres puntos de la circunferencia en verde y cuatro puntos exteriores a la circunferencia en azul.

88. ● Dibuja una circunferencia y señala una recta secante que no pase por el centro de rojo, una recta exterior de verde y dos rectas tangentes a la circunferencia de azul.

89. ● En la siguiente circunferencia se han trazado una recta exterior, otra recta secante y una tangente. También se han dibujado los segmentos perpendiculares a las rectas indicadas desde el centro, *O*, de la circunferencia.

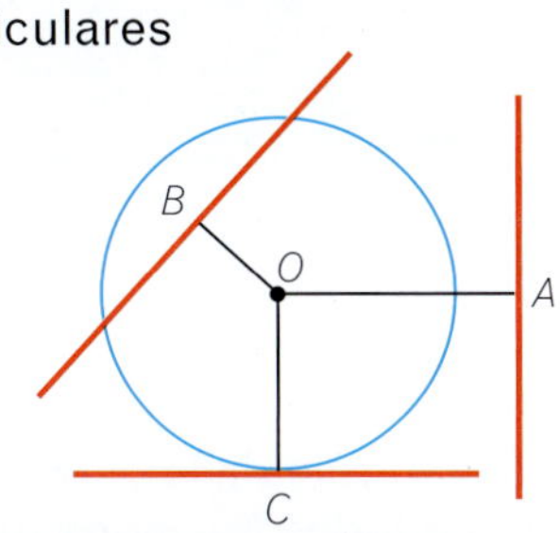

Compara los segmentos *OA*, *OB* y *OC* con el radio, *r*, y escribe el signo $<$, $>$ o $=$, según corresponda.

a) *OA* □ *r*   b) *OB* □ *r*   c) *OC* □ *r*

90. ● Observa esta figura y completa la tabla.

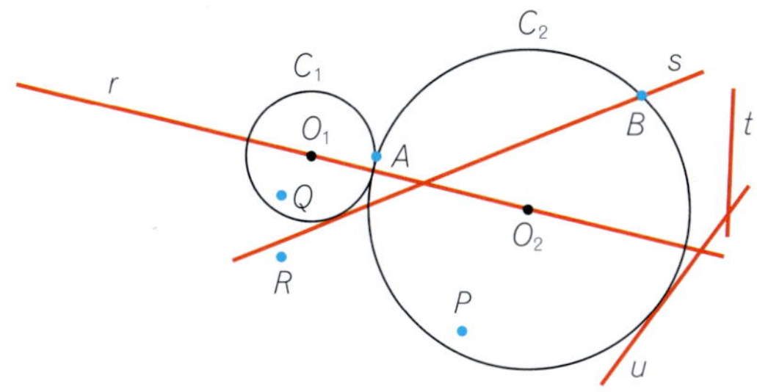

Elemento 1	Elemento 2	Posición relativa
P	C_1	
P	C_2	
A	C_1	
A	C_2	
Q	C_1	
Q	C_2	
R	C_1	
R	C_2	
B	C_1	
B	C_2	
r	C_1	
r	C_2	
s	C_1	
s	C_2	
t	C_1	
t	C_2	
u	C_1	
u	C_2	
C_1	C_2	

91. ●● Observa la figura y señala la posición relativa de las tres circunferencias entre sí.

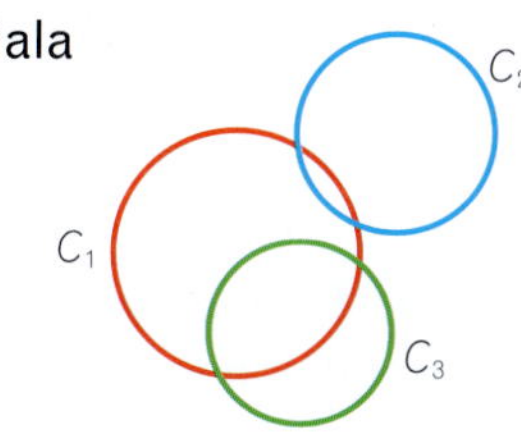

92. ●● Si la distancia del punto *P* a la recta *r* es 3 cm, ¿cómo podrías trazar una circunferencia de centro *P* que fuese tangente a la recta *r*? ¿Cuál sería el valor del radio?

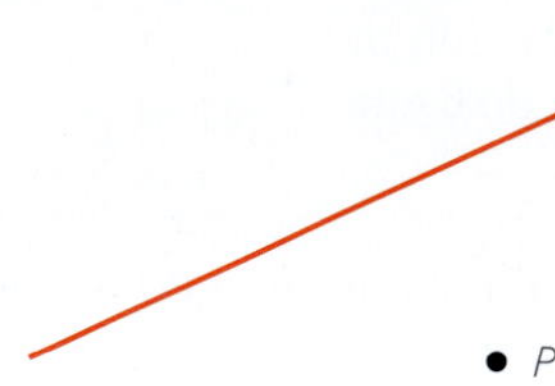

POLÍGONOS REGULARES E INSCRITOS

93. ●● Calca el cuadrado de la figura. Traza la circunferencia circunscrita a él.

a) ¿Cómo construyes la circunferencia?

b) ¿Qué relación hay entre el radio de la circunferencia y el lado del cuadrado?

94. ●● Halla el centro del siguiente polígono regular, y explica cómo lo haces.

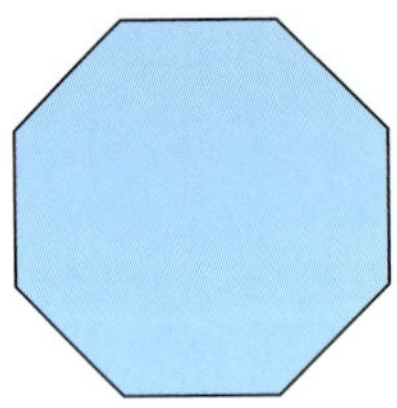

95. ●● ¿Puedes dibujar la circunferencia circunscrita a este triángulo? Indica el proceso.

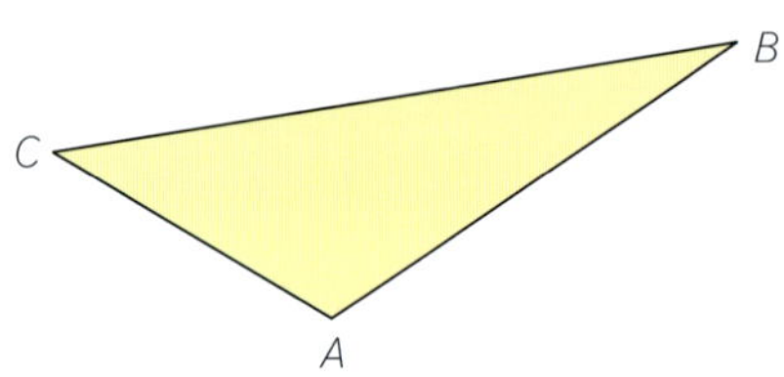

96. ● ¿Puedes circunscribir una circunferencia a este cuadrilátero? ¿Por qué?

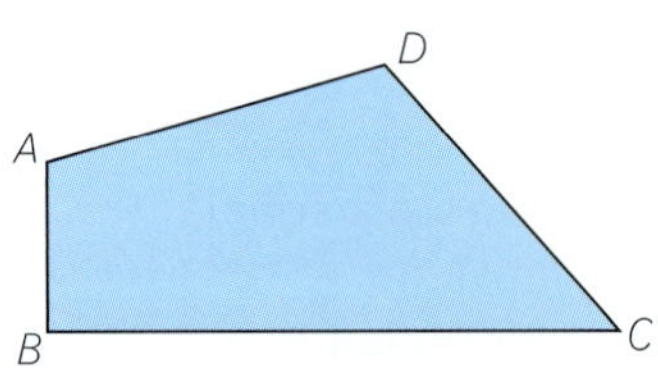

97. ●● ¿Puede inscribirse cualquier polígono en una circunferencia? ¿Y todos los polígonos regulares?

98. ●● Esta figura se ha obtenido trazando las diagonales de un hexágono regular. Construye en tu cuaderno una figura igual, con una circunferencia de 6 cm de radio.

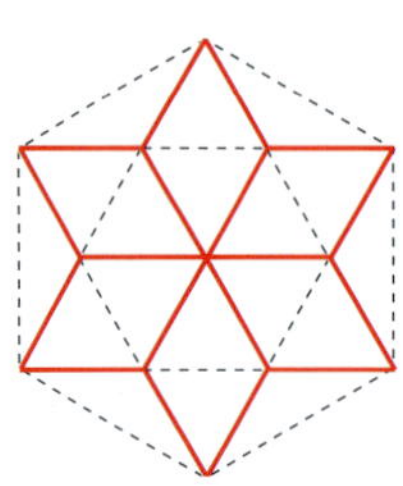

99. ●● ¿Cuánto vale la apotema de un cuadrado? ¿Y de un hexágono regular?

PROBLEMAS CON POLÍGONOS

HAZLO ASÍ

¿CÓMO SE RESUELVEN PROBLEMAS MEDIANTE EL TEOREMA DE PITÁGORAS?

100. Calcula la longitud de una escalera si está apoyada en la pared a una distancia de 1,8 m y sube hasta una altura de 7 m.

PRIMERO. Se hace un gráfico que aclare la situación.

Si se considera que el ángulo que forman la pared y el suelo es un ángulo recto, será un triángulo rectángulo en el que se conocen sus dos catetos.

SEGUNDO. Se aplica el teorema de Pitágoras.

$$l^2 = (1,8)^2 + 7^2 = 52,24$$

$$l = \sqrt{52,24} = 7,23 \text{ m}$$

La escalera mide 7,23 m.

101. ●● Una escalera de 5 m apoyada en la pared, tiene su pie a 1,5 m de la base de la pared. ¿A qué altura llegará la escalera?

102. ● Calcula la longitud de la diagonal de una parcela rectangular de un terreno si sus dimensiones son 150 y 60 m, respectivamente.

103. ●● En un jardín rectangular de 8 × 5 m, determina cuántos metros recorre un niño que lo cruza siguiendo la diagonal.

104. ●● Halla la altura de un triángulo isósceles con dos lados iguales de 12 cm y un lado desigual de 16 cm.

105. ●● Calcula la dimensión de todos los lados de un triángulo como el de la figura.

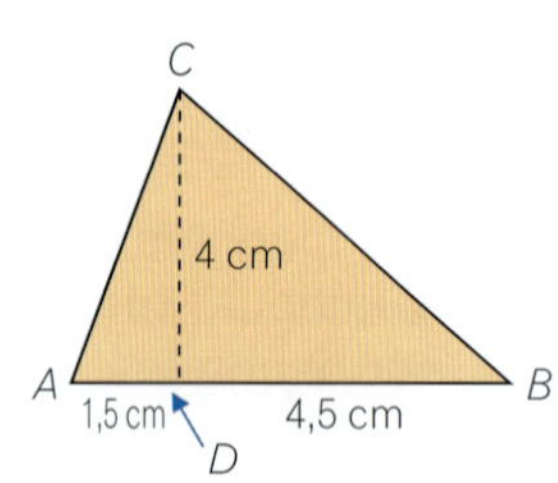

106. ●●● Un arquitecto quiere colocar dos cables para sujetar una torre de comunicaciones. Observa la figura y calcula la longitud de los cables.

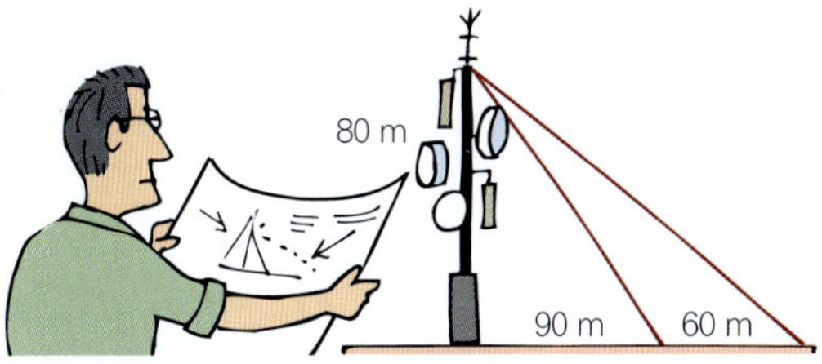

107. ●●● Luisa quiere pasar, por una puerta de altura 2 m y ancho 1 m, un tablero de madera de más de 2 m de longitud. No puede pasarlo de pie y tiene que hacerlo inclinándolo. ¿Cuál es la máxima longitud que puede tener el tablero para poder hacerlo?

HAZLO ASÍ

¿CÓMO SE RESUELVEN PROBLEMAS GEOMÉTRICOS CON ECUACIONES?

108. El ángulo desigual de un triángulo isósceles es la mitad de cada uno de los otros dos. Calcula el valor de los tres ángulos del triángulo.

PRIMERO. Se define la incógnita.

Si se llama x a la medida de los ángulos iguales, $\frac{x}{2}$ será la medida del ángulo desigual.

SEGUNDO. Se plantea la ecuación.

$$x + x + \frac{x}{2} = 180°$$

TERCERO. Se resuelve la ecuación.

$$x + x + \frac{x}{2} = 180 \rightarrow 2x + \frac{x}{2} = 180$$

Eliminando denominadores:

$$4x + x = 360 \rightarrow 5x = 360 \rightarrow x = 72$$

Por tanto, los ángulos iguales medirán 72° cada uno, y el ángulo desigual, $\frac{72°}{2} = 36°$.

CUARTO. Se comprueba la solución.

$$72° + 72° + 36° = 180°$$

109. ●● En un triángulo rectángulo, uno de los ángulos agudos es triple que el otro. Calcula el valor de los ángulos de este triángulo.

110. ●●● De los tres ángulos de un triángulo, el mayor es triple que el mediano y este es doble que el menor. Halla el valor de los ángulos.

INVESTIGA

111. ●● Explica cómo se ha construido este cuadrado:

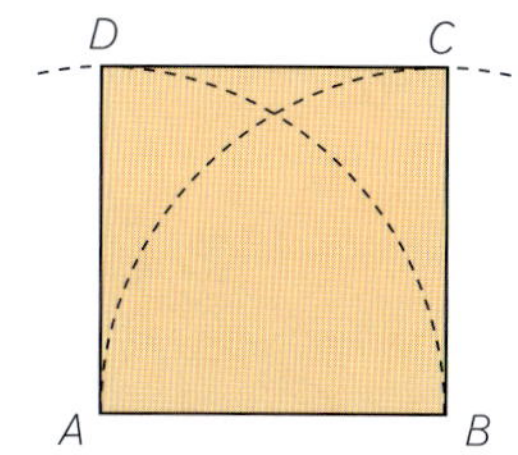

112. ●● Construye un cuadrado sabiendo que su diagonal mide 6 cm.

113. ●●● En el paralelogramo *ABCD*, $DN = BM$. Señala un punto *Q* en el lado *BC*, de modo que *MPNQ* sea otro paralelogramo. Explica cómo lo haces.

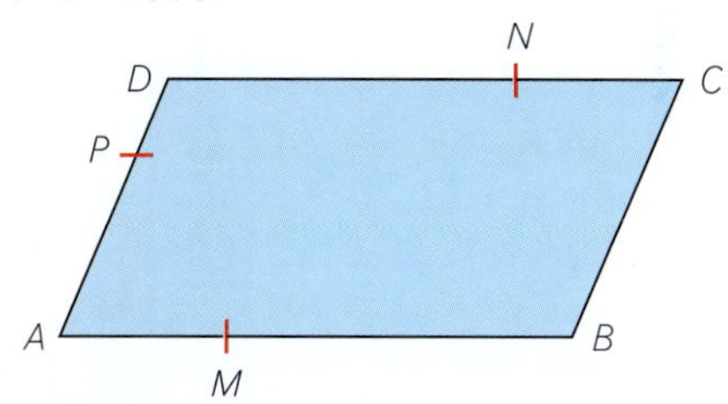

114. ●● Traza dos segmentos paralelos *AB* y *CD* que sean de la misma longitud. Después, une los extremos. ¿Qué tipo de paralelogramo puede ser *ABCD*?

115. ●●● ¿Puede haber un polígono de 3, 4, 5, 6... lados, con todos los ángulos iguales, pero que no tenga los lados iguales?

a) Construye y dibuja los polígonos que cumplen esta condición.

b) Explica en qué casos no es posible y por qué.

116. ●●● En la figura, *M* es el punto medio del lado *AB*. La mediatriz de *AB* corta a *BC* en *N*, y la bisectriz del ángulo $\widehat{B}$ corta a *MN* en *E*. ¿Qué punto notable es *E* en el triángulo $\widehat{ABN}$?

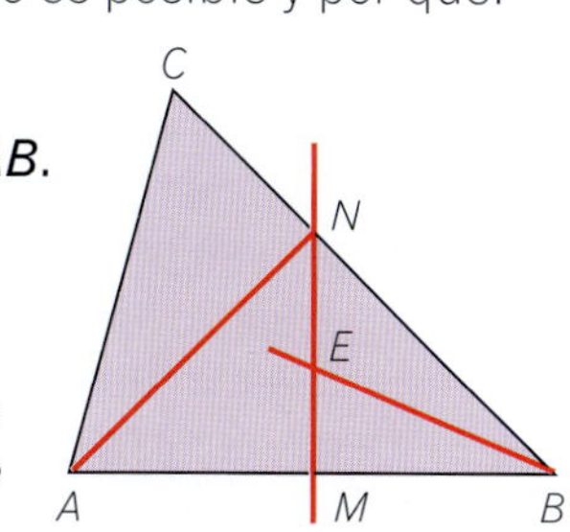

117. ●●● Traza la circunferencia a la que pertenece cada uno de los siguientes arcos. Para ello señala tres puntos de cada arco.

a) 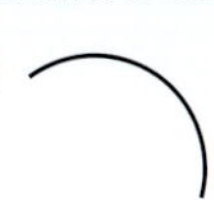

b) 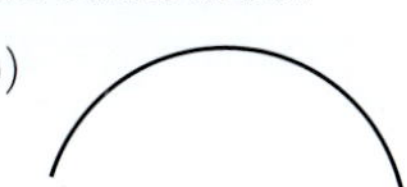

Pon a prueba tus capacidades

118. ●●● La iglesia de Villagrande tiene una enorme vidriera cuadrada rematada con un arco, es del siglo XVIII y tiene gran valor artístico.

El ayuntamiento de la localidad ha decidido protegerla con una malla metálica que impida a las palomas acceder a ella.

Como la malla metálica es casi imperceptible desde el exterior, se ha decidido que sea de forma rectangular y que tape por completo la vidriera.

ERES CAPAZ DE... COMPRENDER

a) ¿Qué relación habrá entre el ancho de la vidriera y el ancho de la malla metálica?

b) Si pudiésemos medir la altura de la vidriera, ¿en qué punto de la base habría que situar la cinta métrica para medirla?

ERES CAPAZ DE... RESOLVER

c) En los antiguos archivos de la iglesia han encontrado este croquis de la vidriera. ¿Cuánto medirá el radio de la circunferencia que determina el arco de la parte superior de la vidriera?

ERES CAPAZ DE... DECIDIR

d) El herrero encargado de fabricar la malla metálica tiene un trozo de malla cuadrado de 2,25 m de lado. ¿Tendrá malla suficiente para cubrir la vidriera?

119. ●●● Las dimensiones de un televisor vienen indicadas por la longitud de su diagonal, que se expresa en pulgadas, y para obtener su longitud en centímetros hay que considerar que cada pulgada tiene 2,54 cm.

Por otro lado, también hay que considerar el formato del televisor. El formato establece la relación que hay entre la altura y el ancho del aparato.

ERES CAPAZ DE... COMPRENDER

a) Si el televisor es de 32 pulgadas, ¿cuántos centímetros mide su diagonal?

b) Si el televisor tiene un formato 9:16, y en las especificaciones técnicas se indica que mide 46,48 cm de ancho, ¿cuál es su altura?

ERES CAPAZ DE... RESOLVER

c) Calcula las dimensiones de un televisor de 32 pulgadas con formato 9:16.

ERES CAPAZ DE... DECIDIR

d) Tengo que colocar el televisor en el hueco de un mueble que mide 80 cm de ancho y 60 cm de alto. ¿Puedo tener un televisor de 40 pulgadas con formato 9:16?

Matemáticas con ordenador

GeoGebra
www.geogebra.org

Calcula el incentro de un triángulo de vértices *A*, *B* y *C* y la circunferencia inscrita al mismo.

1. Seleccionamos la herramienta para dibujar un triángulo marcando sus tres vértices *A*, *B* y *C*.

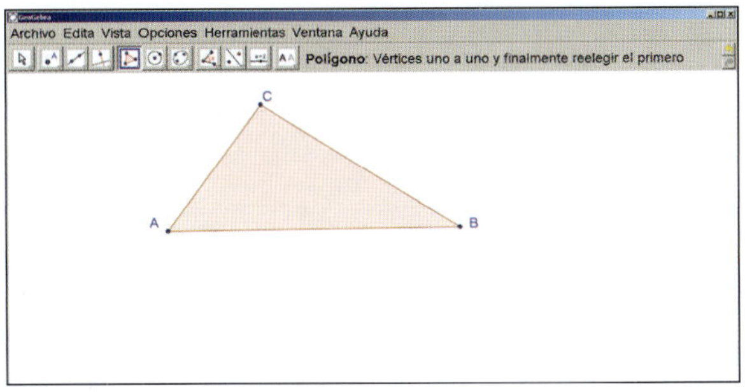

2. Con la herramienta , determinando el ángulo con tres puntos, dibujamos la bisectriz de uno de los ángulos.

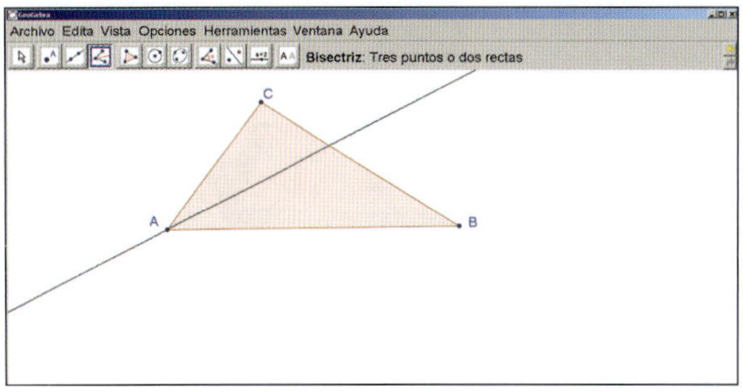

3. Repetimos el proceso con los otros dos ángulos y dibujamos todas las bisectrices.

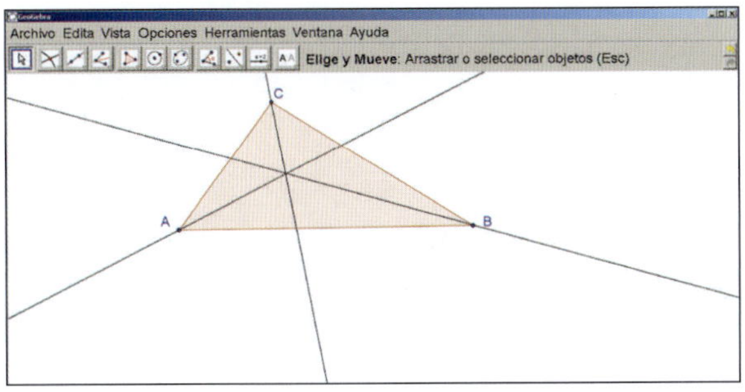

4. Con la herramienta marcamos el punto de corte de las tres bisectrices, el incentro, *I*.

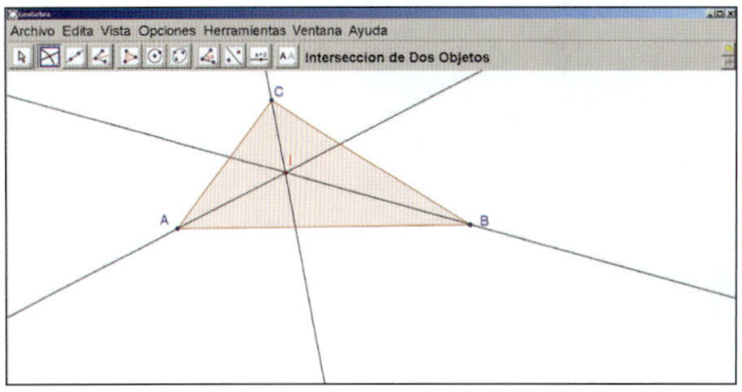

5. Escogemos la herramienta , y con centro en el incentro trazamos la circunferencia inscrita.

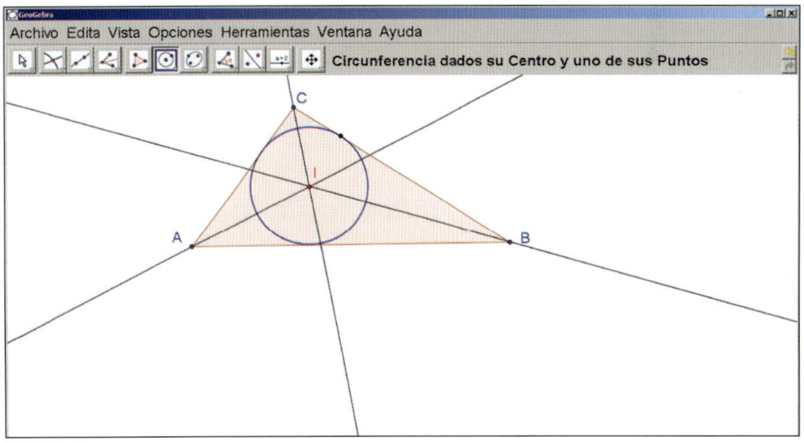

ACTIVIDADES

PRACTICA

1. Dibuja un triángulo de vértices *A*, *B* y *C* y calcula su circuncentro. Dibuja también su circunferencia circunscrita.

INVESTIGA

2. Comprueba que si trazas el triángulo que une tres de los vértices de un polígono regular, el circuncentro y el incentro coinciden.

11

Perímetros y áreas

La visión del ciego

El soldado miraba con lástima al anciano ciego que, apoyado en su bastón, tomaba el sol mientras sus ojos extintos intuían la posición del astro en el horizonte.

Ahmés, su compañero de guardia a la entrada de la biblioteca de Alejandría, interrumpió sus pensamientos diciéndole:

–Es Eratóstenes, el cual no hace mucho tiempo dirigía la biblioteca.

–¡Es una pena que sea ciego!

–No siempre fue así, y lo único que ahora lamenta es no poder leer el pensamiento del mundo encerrado en estas paredes –dijo Ahmés, y continuó con su explicación–: Pero el maestro todavía es capaz de ver más lejos que tú, que tienes tus ojos sanos.

–¡Eso es imposible!

Ahmés, con una sonrisa, intentó explicárselo:

–Tú y yo, con nuestros ojos, vemos la Tierra plana como la palma de nuestra mano; sin embargo él, que ahora está ciego, la ve con forma de bola y dicen que incluso ha calculado su tamaño.

Eratóstenes, utilizando ángulos y proporcionalidad, cifró la circunferencia polar de la Tierra en 252 000 estadios egipcios (1 estadio = 157,2 m).

DESCUBRE LA HISTORIA...

1. Busca información sobre la vida de Eratóstenes, geógrafo, matemático y astrónomo griego.
2. Eratóstenes es famoso por haber llevado a cabo la primera medición de la circunferencia de la Tierra. Investiga cómo lo hizo.
3. Averigua qué otros trabajos realizó Eratóstenes relacionados con la geometría.

Antes de empezar la unidad...

CONVIENE QUE...
Distingas los **polígonos regulares** del resto de polígonos.

PORQUE...
Vamos a estudiar sus **perímetros** y sus **áreas**.

Polígonos regulares

Un polígono regular es el que tiene todos sus lados y sus ángulos iguales. En caso contrario, el polígono es irregular.

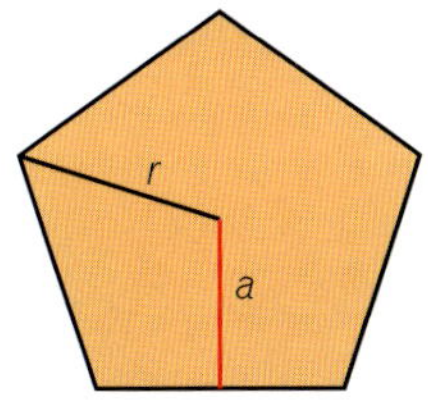

- La **apotema**, *a*, es el segmento perpendicular al lado trazado desde su punto medio hasta el centro del polígono regular.
- El **radio**, *r*, es el segmento que une el centro del polígono regular con un vértice cualquiera.

CONVIENE QUE...
Distingas entre **circunferencia** y **círculo**.

PORQUE...
Calcularemos **longitudes y áreas relacionadas con ambos**.

Circunferencia y círculo

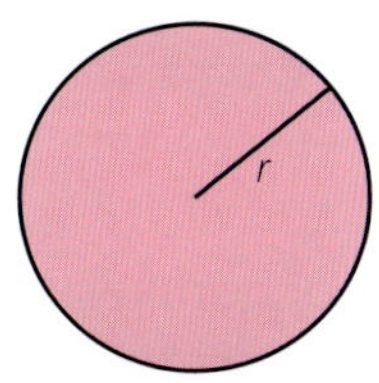

Una **circunferencia** es una línea curva, cerrada y plana en la que todos sus puntos están a igual distancia del centro.

Un **círculo** es la parte del plano limitada por la circunferencia.

CONVIENE QUE...
Conozcas las **unidades de superficie**.

PORQUE...
Las utilizaremos en el estudio de **áreas de figuras planas**.

Unidades de superficie

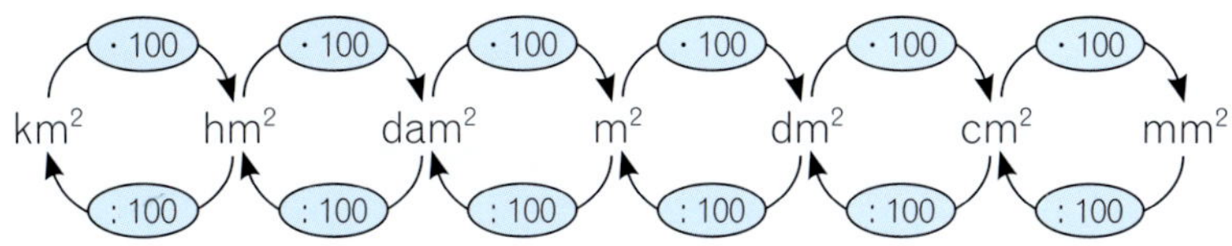

EVALUACIÓN INICIAL

Polígonos regulares

1. Dibuja un polígono regular de 6 lados.

2. Dibuja un octógono regular y describe sus elementos.

Circunferencia y círculo

3. Si el radio de una circunferencia es 4 cm, ¿cuánto mide su diámetro?

4. ¿Cuánto mide el radio de un círculo si su diámetro es 12 cm?

Unidades de superficie

5. Transforma en m^2 las siguientes medidas de superficie.

a) 32 cm^2
b) 17 dm^2
c) 0,7 dam^2
d) 8 km^2
e) 5,4 hm^2
f) 87,4 km^2
g) 1 621,8 mm^2
h) 21,4 cm^2

PLAN DE TRABAJO

En esta unidad aprenderás a...

- Hallar perímetros de polígonos.
- Calcular la longitud de la circunferencia.
- Determinar el área de:
  - Paralelogramos.
  - Triángulos.
  - Trapecios.
  - Polígonos regulares.
  - Círculos.
- Descomponer una figura plana en otras conocidas, y calcular su área.

SE ESCRIBE ASÍ

El perímetro de un polígono se suele representar con la letra *P*.

DATE CUENTA

En algunos polígonos irregulares podemos utilizar fórmulas para calcular su perímetro, por ejemplo:

Rectángulo

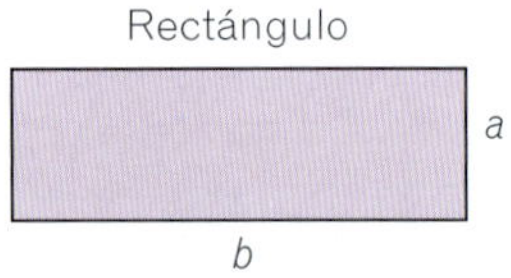

$P = 2 \cdot a + 2 \cdot b$

Rombo

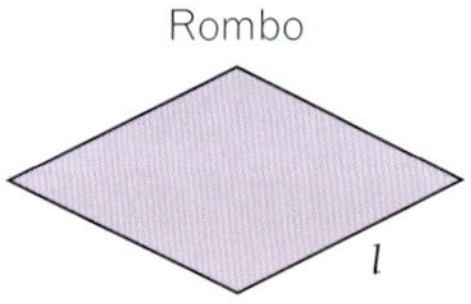

$P = 4 \cdot l$

1 Perímetro de un polígono

El **perímetro** de un polígono es la suma de las longitudes de sus lados.

EJEMPLO

1 Calcula el perímetro de este pentágono irregular:

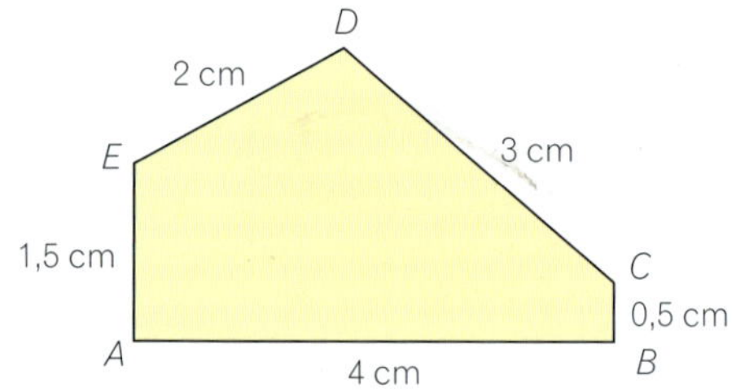

Sumamos las medidas de sus lados:

$$P = \overline{AB} + \overline{BC} + \overline{CD} + \overline{DE} + \overline{EA} = 4 + 0{,}5 + 3 + 2 + 1{,}5 = 11 \text{ cm}$$

El perímetro de esta figura es 11 cm.

Cuando el polígono es regular podemos utilizar una fórmula que facilita el cálculo del perímetro.

Si el lado de un polígono regular de n lados es l, entonces su perímetro será: $P = n \cdot l$

EJEMPLO

2 Llamando l al lado de estos polígonos regulares, busca fórmulas para expresar su perímetro.

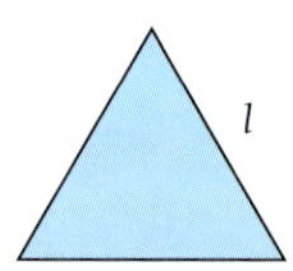

$P = 3 \cdot l$

$P = 4 \cdot l$

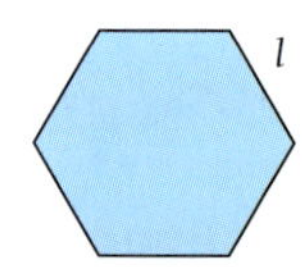

$P = 6 \cdot l$

EJERCICIOS

PRACTICA

1 Halla el perímetro de:

a) Un rombo cuyo lado mide 10 cm.

b) Un trapecio isósceles con bases de 4 cm y 8 cm y los otros lados de 5 cm.

APLICA

2 ¿Cuánto mide cada uno de los lados de un pentágono regular si su perímetro es 25 cm?

3 Obtén el perímetro de un rectángulo, si su diagonal mide 17 cm y uno de sus lados es de 15 cm.

REFLEXIONA

4 Sobre una cuadrícula, dibuja varias figuras distintas que contengan 6 cuadraditos. ¿Tienen todas el mismo perímetro?

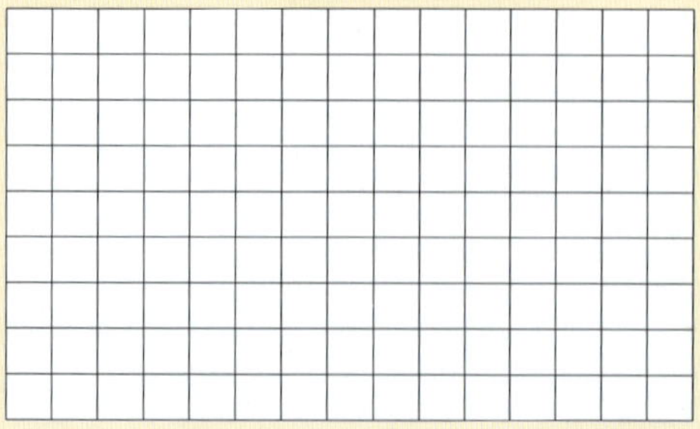

2 Longitud de la circunferencia

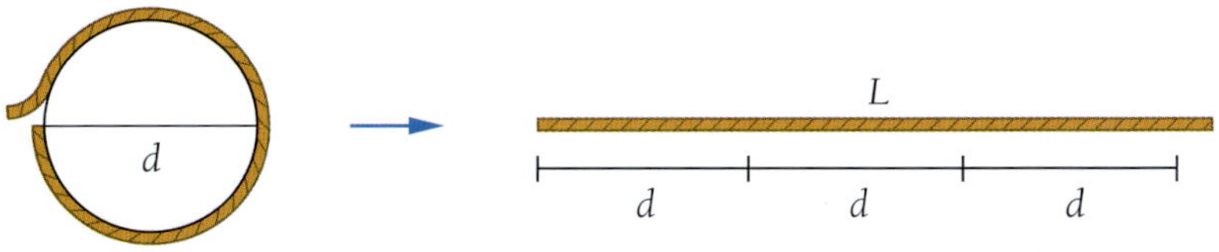

Al dividir la longitud de cualquier circunferencia entre su diámetro siempre se obtiene el mismo número decimal. Este número se designa por la letra griega π y es un número decimal no exacto y no periódico. Su valor es $\pi = 3{,}141592\ldots$

La **longitud de una circunferencia**, L, se puede calcular mediante la expresión $L = \pi \cdot d$, o bien $L = 2 \cdot \pi \cdot r$, donde d es el diámetro y r es el radio.

EJEMPLO

3 Halla la longitud de una circunferencia de radio 2 cm.

$$L = 2\pi r = 2 \cdot \pi \cdot 2 = 4 \cdot \pi = 4 \cdot 3{,}14 = 12{,}56 \text{ cm}$$

Longitud de un arco de circunferencia

En una circunferencia de radio r, la **longitud de un arco** $\widehat{AB}$, de n grados, es:

$$L_{\widehat{AB}} = \frac{2\pi r \cdot n}{360}$$

EJEMPLO

4 Calcula la longitud del arco $\widehat{AB}$.

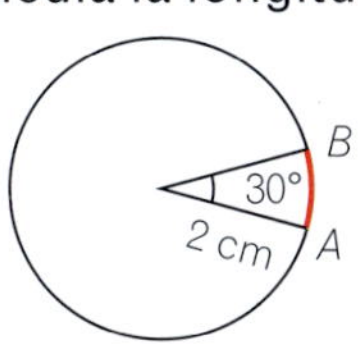

$$L_{\widehat{AB}} = \frac{2 \cdot \pi \cdot 2 \cdot 30}{360} = \frac{120 \cdot \pi}{360} = 1{,}05 \text{ cm}$$

El arco $\widehat{AB}$ mide 1,05 cm.

EJERCICIOS

PRACTICA

5 ¿Cuánto mide la longitud de una circunferencia de 6 cm de diámetro?

APLICA

6 Una circunferencia está inscrita en un cuadrado de lado 4 cm. Calcula su longitud.

7 Si la longitud de la circunferencia es 25 cm, ¿cuánto mide su radio?

REFLEXIONA

8 Una circunferencia está circunscrita en un cuadrado de lado 4 cm. Halla su longitud.

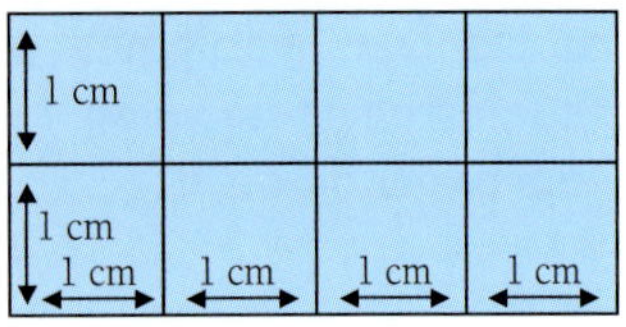

$4 \text{ cm} \times 2 \text{ cm} = 8 \text{ cm}^2$

3 Área de los paralelogramos

3.1 Área del rectángulo

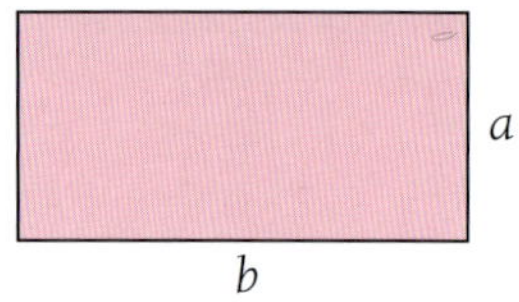

El **área de un rectángulo** de base b y altura a es:

$$A = a \cdot b$$

3.2 Área del cuadrado

El **área de un cuadrado** de lado l es:

$$A = l^2$$

EJEMPLOS

5 Halla el área de un rectángulo de 30 cm de base y 12 cm de altura.

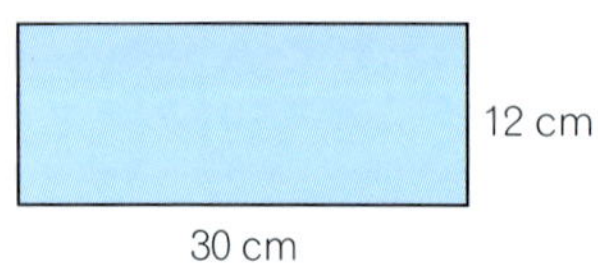

Para calcular el área aplicamos la fórmula:

$$A = a \cdot b \xrightarrow{a\,=\,12,\ b\,=\,30} A = 12 \cdot 30 = 360 \text{ cm}^2$$

6 Calcula el área de un cuadrado cuya diagonal mide 6 cm.

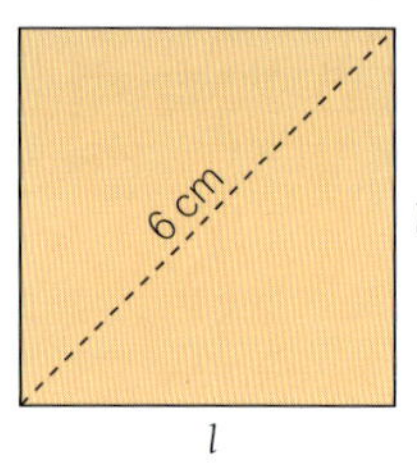

Hallamos la medida de su lado aplicando el teorema de Pitágoras:

$$6^2 = l^2 + l^2 \rightarrow 36 = 2l^2 \rightarrow l^2 = \frac{36}{2} = 18$$

$$\rightarrow l = \sqrt{18} = 4{,}24 \text{ cm}$$

Para calcular el área utilizamos la fórmula:

$$A = l^2 \xrightarrow{l\,=\,4{,}24} A = 4{,}24^2 = 18 \text{ cm}^2$$

EJERCICIOS

PRACTICA

9 Obtén el área y el perímetro del suelo de una habitación rectangular de lados 3 m y 7 m.

10 Determina el área de una finca cuadrada de lado 1 200 m.

APLICA

11 Calcula el área y el perímetro de un rectángulo de altura 48 cm y diagonal 50 cm.

12 Halla el área y el perímetro de un cuadrado de diagonal 5 cm.

REFLEXIONA

13 Un terreno de forma rectangular mide 4,5 hm de largo y 3 000 dm de ancho.

a) Halla el área del terreno en metros cuadrados y en hectáreas.

b) Calcula su precio si se vende a 3,60 €/m².

3.3 Área del rombo

El **área de un rombo** de diagonal menor d y diagonal mayor D es:

$$A = \frac{D \cdot d}{2}$$

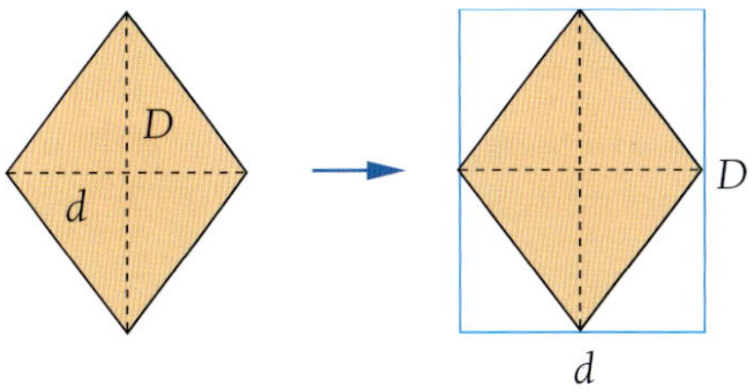

El área de un rombo con diagonal menor d y diagonal mayor D es la mitad del área de un rectángulo cuya base es d y altura D.

3.4 Área del romboide

El **área de un romboide** de base b y altura h es: $A = b \cdot h$

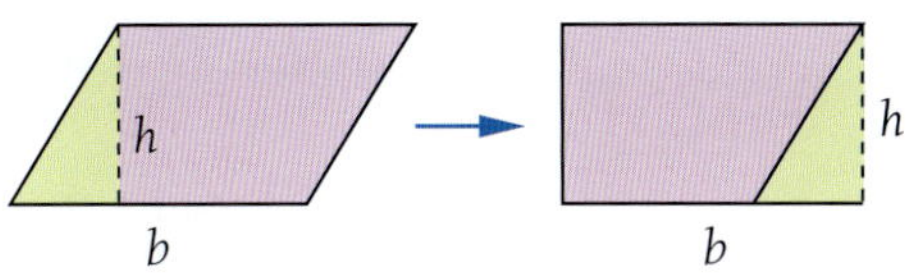

El área de un romboide de base b y altura h es igual al área de un rectángulo con base b y altura h.

EJEMPLOS

7 Halla el área de un rombo de diagonales 6 y 8 cm, respectivamente.

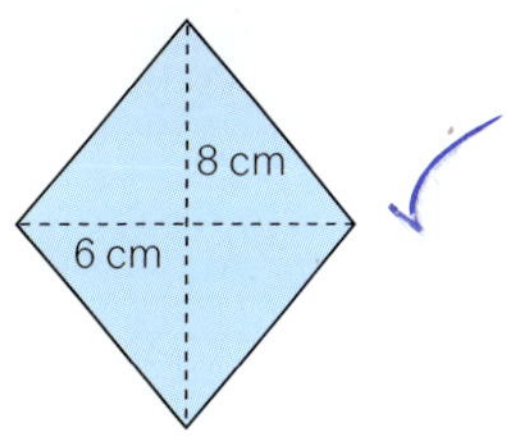

Para calcular el área aplicamos la fórmula:

$$A = \frac{D \cdot d}{2} \xrightarrow{D = 8,\, d = 6} A = \frac{8 \cdot 6}{2} = 24 \text{ cm}^2$$

8 Calcula el área de este romboide:

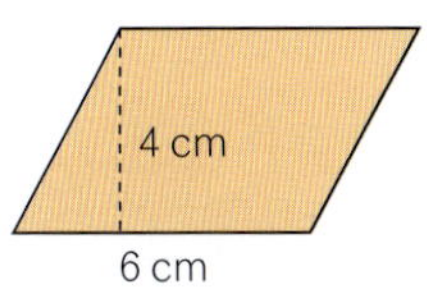

Para obtener el área aplicamos la fórmula:

$$A = b \cdot h \xrightarrow{b = 6,\, h = 4} A = 6 \cdot 4 = 24 \text{ cm}^2$$

EJERCICIOS

PRACTICA

14 Halla el área y el perímetro de un rombo de diagonal mayor 24 cm y diagonal menor 18 cm.

15 Determina el área de un romboide de base 8 cm y altura 5 cm.

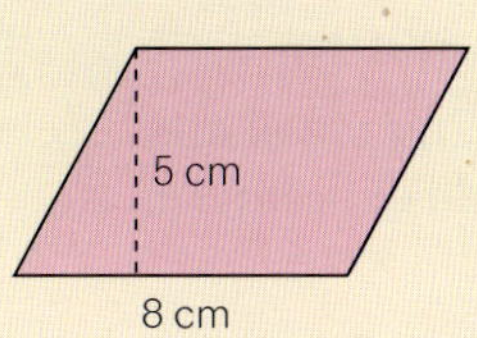

APLICA

16 Obtén el área de un rombo cuyo perímetro es 20 cm y su diagonal menor mide 6 cm.

REFLEXIONA

17 Calcula el área y el perímetro de esta figura:

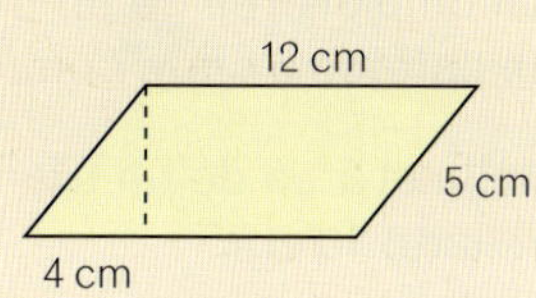

4 Área de un triángulo

El **área de un triángulo** de base b y altura h es:

$$A = \frac{b \cdot h}{2}$$

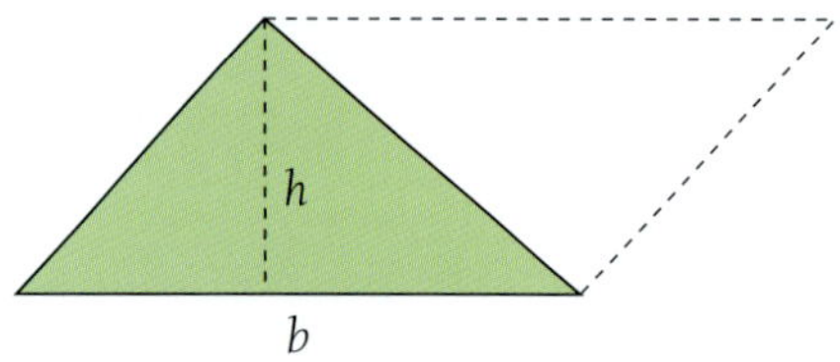

El área de un triángulo de base b y altura h es la mitad del área de un romboide de base b y altura h.

EJEMPLOS

9 **Obtén el área de un triángulo con altura 3 cm y base 4 cm.**

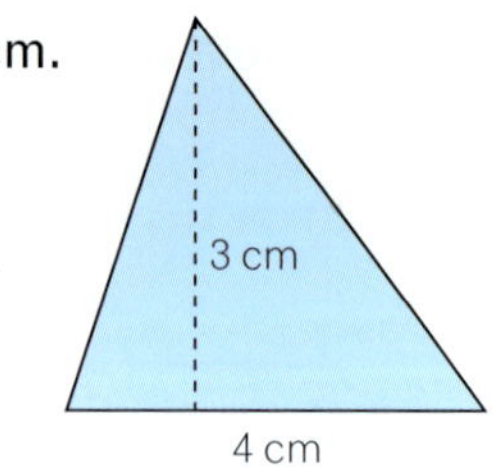

Aplicando la fórmula del área del triángulo:

$$A = \frac{b \cdot h}{2} = \frac{4 \cdot 3}{2} = 6 \text{ cm}^2$$

El triángulo tiene un área de 6 cm^2.

10 **Calcula el área del triángulo rectángulo.**

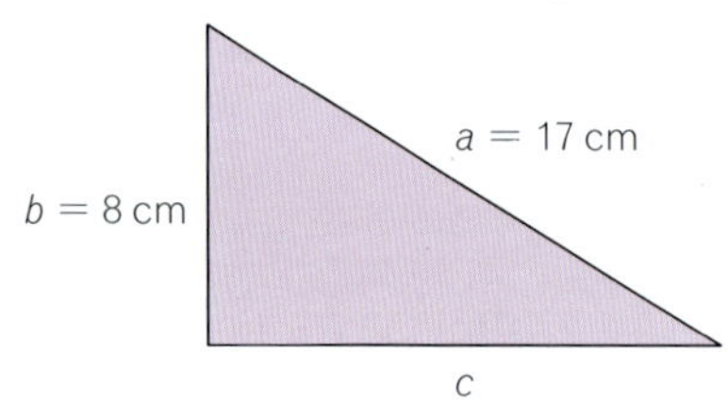

Para calcular su área hallamos primero la base del triángulo.

Aplicamos el teorema de Pitágoras:

$$c^2 = 17^2 - 8^2 \rightarrow c^2 = 225$$
$$\rightarrow c = \sqrt{225} = 15 \text{ cm}$$

Por tanto, su área será: $A = \frac{b \cdot h}{2} = \frac{15 \cdot 8}{2} = 60 \text{ cm}^2$

11 **Determina el área de un triángulo equilátero de lado 8 cm.**

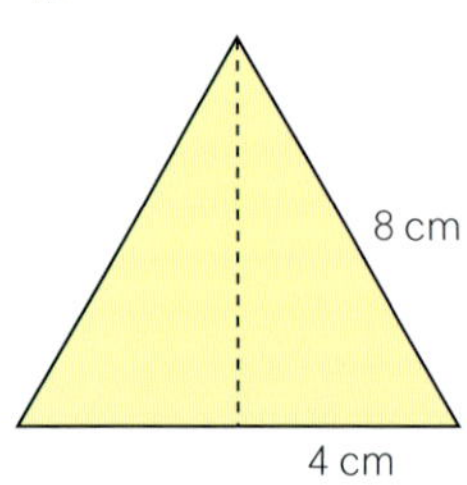

Para calcular su área tenemos que hallar primero la altura del triángulo.

Aplicamos el teorema de Pitágoras:

$$h^2 = 8^2 - 4^2 \rightarrow h^2 = 48 \rightarrow h = \sqrt{48} = 6{,}93 \text{ cm}$$

Por tanto, su área será: $A = \frac{b \cdot h}{2} = \frac{8 \cdot 6{,}93}{2} = 27{,}72 \text{ cm}^2$

EJERCICIOS

PRACTICA

18 Determina el área de un triángulo de base 4 cm y altura 7 cm.

19 Calcula el área de un triángulo rectángulo de catetos 6 cm y 7 cm.

20 Halla el área de un triángulo equilátero de lado 10 cm.

APLICA

21 Obtén el área de un triángulo equilátero de 18 cm de perímetro.

REFLEXIONA

22 Calcula el área de esta figura:

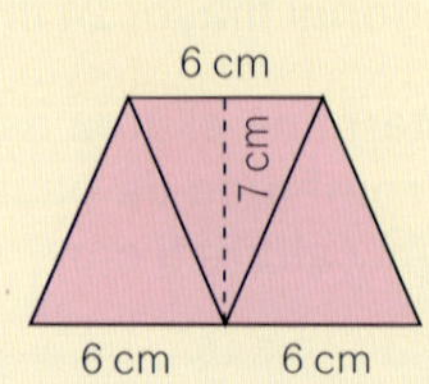

5 Área de un trapecio

El **área de un trapecio** de base mayor *B*, base menor *b* y altura *h*, es:

$$A = \frac{(B + b) \cdot h}{2}$$

Si unimos dos trapecios iguales de base mayor *B*, base menor *b* y altura *h*, obtenemos un romboide de base $(B + b)$ y altura *h*.

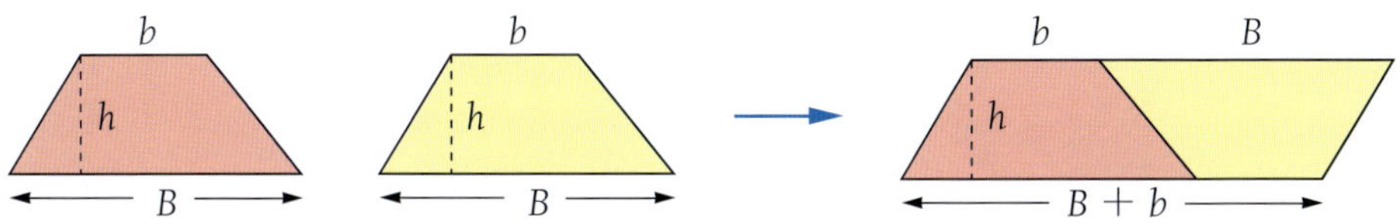

EJEMPLO

12 Obtén el área de este trapecio isósceles:

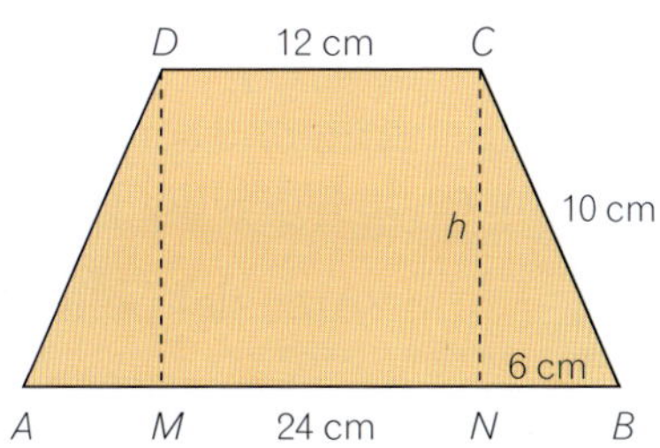

Conocemos las dos bases, pero para aplicar la fórmula del área nos falta saber su altura, *h*.

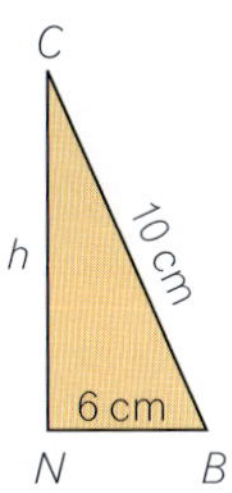

El triángulo $\widehat{NBC}$ es rectángulo y sabemos que $\overline{BC} = 10$ cm.

El lado *NB* se obtiene teniendo en cuenta que $\overline{MN} = 12$ cm y $\overline{AM} = \overline{NB}$, y que por ser un trapecio isósceles:

$$\overline{NB} = \overline{AM} = \frac{24 - 12}{2} = 6 \text{ cm}$$

La altura, *h*, del trapecio, aplicando el teorema de Pitágoras, es:

$$h^2 = 10^2 - 6^2 \rightarrow h^2 = 64 \rightarrow h = \sqrt{64} = 8 \text{ cm}$$

Así, el área del trapecio será:

$$A = \frac{(B + b) \cdot h}{2} = \frac{(24 + 12) \cdot 8}{2} = 144 \text{ cm}^2$$

EJERCICIOS

PRACTICA

23 Calcula el área de un trapecio de altura 7 cm y bases de 3 cm y 5 cm.

APLICA

24 En un trapecio rectángulo, las bases miden 4 cm y 7 cm y la altura 4 cm. Determina el valor del otro lado y su área.

REFLEXIONA

25 Obtén el área de la siguiente figura:

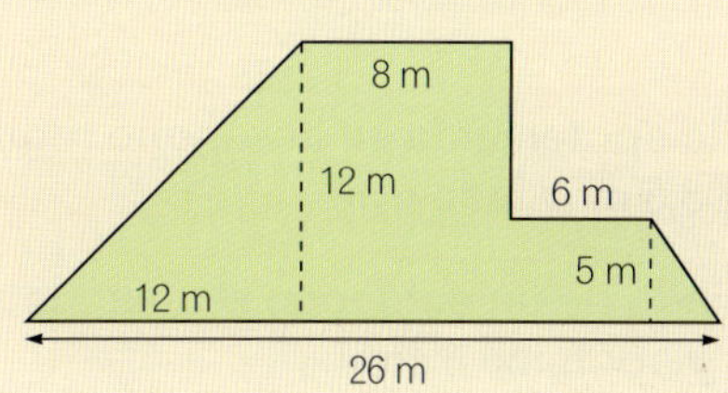

6 Área de un polígono regular

El **área de un polígono regular** de perímetro P y apotema a es:

$$A = \frac{P \cdot a}{2}$$

Un polígono regular se puede descomponer en tantos triángulos iguales como lados tenga. La base de cada uno de esos triángulos es el lado, l, del polígono, y su altura, la apotema del polígono, a.

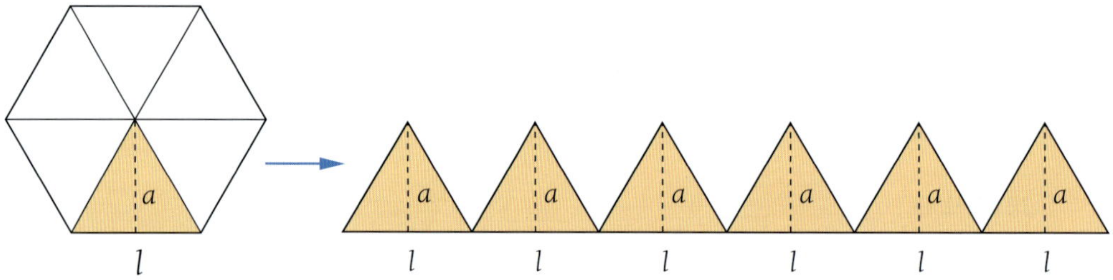

El área del polígono será el área de uno de esos triángulos multiplicada por el número de lados del polígono.

$$\text{Área del polígono regular} = n \cdot \frac{l \cdot a}{2} = \frac{n \cdot l \cdot a}{2}$$

Como $n \cdot l$ es el perímetro del polígono regular, tenemos que:

$$\text{Área del polígono regular} = \frac{\text{perímetro} \cdot \text{apotema}}{2}$$

EJEMPLO

13 Calcula el área de este pentágono regular:

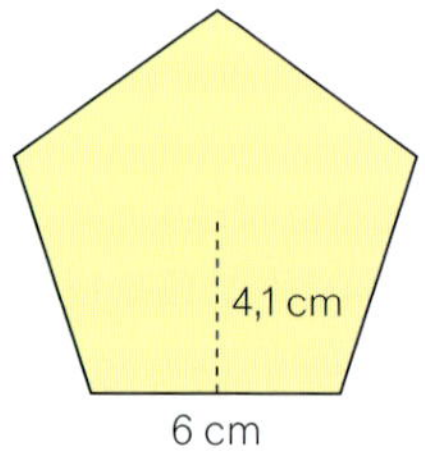

Hallamos el perímetro del pentágono:

$$\text{Perímetro} = 5 \cdot \text{lado} = 5 \cdot 6 = 30 \text{ cm}$$

Sustituyendo en la expresión general:

$$\text{Área} = \frac{\text{perímetro} \cdot \text{apotema}}{2} = \frac{30 \cdot 4,1}{2} = 61,5 \text{ cm}^2$$

EJERCICIOS

PRACTICA

26 Obtén el área de un heptágono regular de lado 6 cm y apotema 6,2 cm.

APLICA

27 Calcula la apotema de un hexágono regular de área 93,5 m^2 y lado 6 m.

28 Halla el lado de un octógono regular de área 1,19 dm^2 y apotema 6 cm.

REFLEXIONA

29 Determina el área de la parte coloreada, sabiendo que el área del hexágono regular es 258 cm^2.

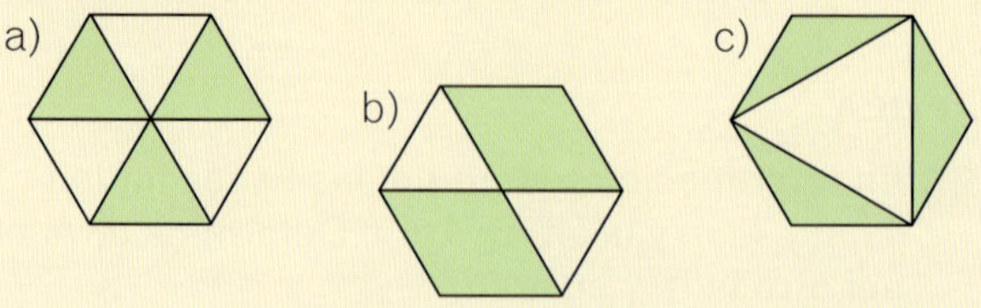

Cálculo de la apotema

En ocasiones, los únicos datos que conocemos sobre un polígono regular son el lado y el radio.

En un polígono regular de lado l y radio r, su apotema es:

$$a = \sqrt{r^2 - \left(\frac{l}{2}\right)^2}$$

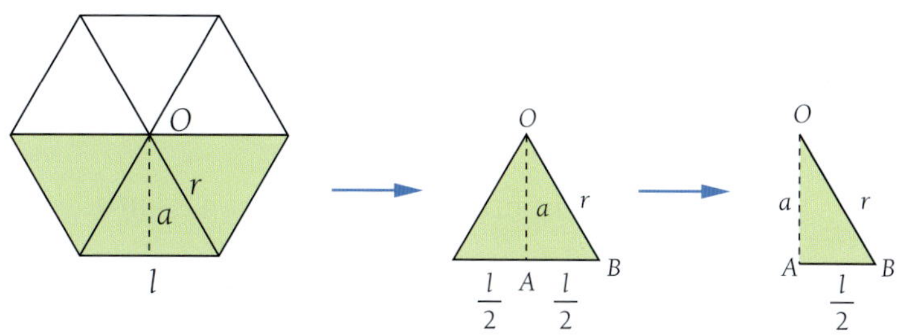

El triángulo de lados la apotema, el radio y la mitad del lado, es un triángulo rectángulo.
Aplicando el teorema de Pitágoras al triángulo rectángulo $\widehat{ABO}$:

$$r^2 = a^2 + \left(\frac{l}{2}\right)^2 \rightarrow a^2 = r^2 - \left(\frac{l}{2}\right)^2 \rightarrow a = \sqrt{r^2 - \left(\frac{l}{2}\right)^2}$$

EJEMPLO

14 Calcula el área de la parte coloreada, si el lado mide 5 cm.

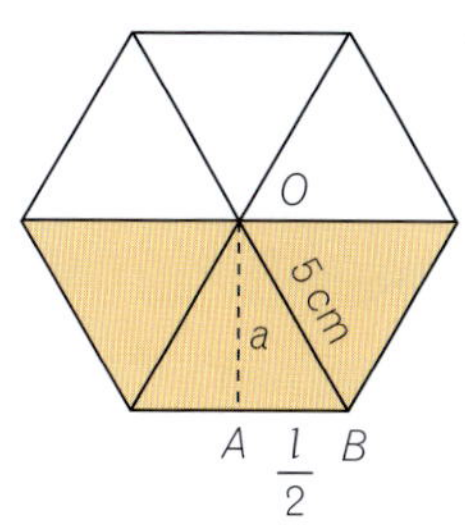

La figura coloreada es la mitad de un hexágono regular de 5 cm de lado y 5 cm de radio.

El triángulo $\widehat{ABO}$ es rectángulo, y aplicando el teorema de Pitágoras:

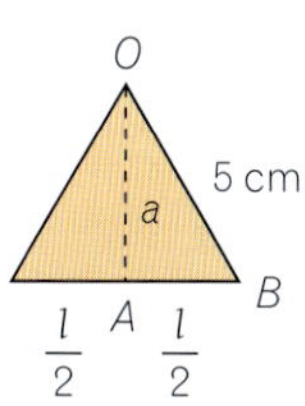

$$a = \sqrt{5^2 - 2{,}5^2} = 4{,}33 \text{ cm}$$

$$\text{Área del hexágono} = \frac{6 \cdot 5 \cdot 4{,}33}{2} = 64{,}95 \text{ cm}^2$$

Como la figura coloreada es la mitad del hexágono:

$$\text{Área de la parte coloreada} = \frac{64{,}95}{2} = 32{,}475 \text{ cm}^2$$

EJERCICIOS

PRACTICA

30 Halla la apotema de un endecágono regular de lado 12 cm y radio 21,3 cm.

APLICA

31 Calcula el radio de un pentágono regular, sabiendo que su área es 30 cm^2 y su lado 4,2 cm.

REFLEXIONA

32 Obtén el área de la zona coloreada.

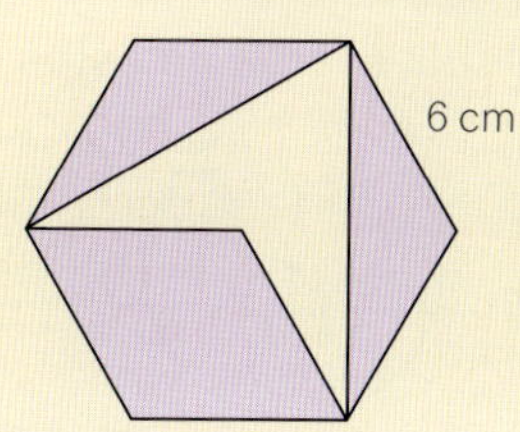

7 Área del círculo

El **área del círculo** de radio r es: $A = \pi r^2$

Podemos imaginar el círculo como un polígono regular de muchos lados, en el que el perímetro del polígono sería la longitud de la circunferencia, y su apotema, el radio.

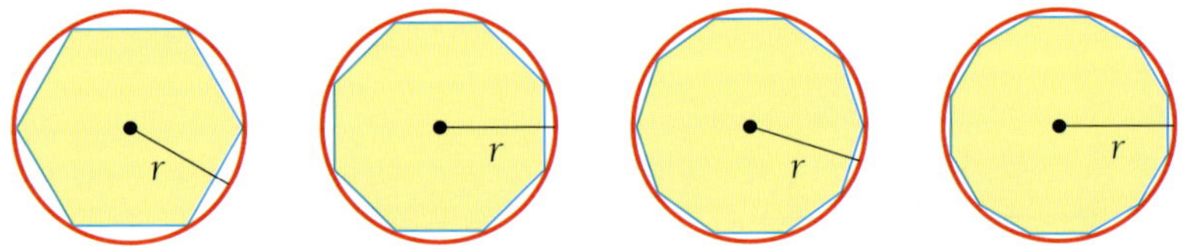

$$\text{Área del círculo} = \frac{\text{perímetro} \cdot \text{apotema}}{2} = \frac{\text{longitud} \cdot \text{radio}}{2}$$

Como la longitud de la circunferencia es $2\pi r \rightarrow A_{\text{CÍRCULO}} = \dfrac{2\pi r \cdot r}{2} = \pi r^2$

EJEMPLO

15 Calcula el área de un círculo de radio 3 cm.

Aplicamos la fórmula y sustituimos: $A = \pi r^2 = \pi \cdot 3^2 = 3{,}14 \cdot 9 = 28{,}26\ \text{cm}^2$

Área de un sector circular

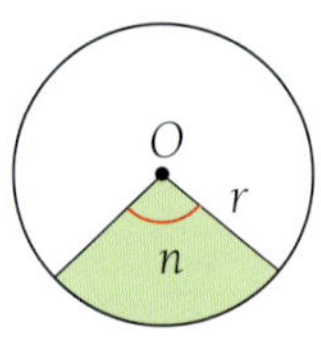

Un **sector circular** es la parte del círculo limitada por dos radios y un arco.

El **área de un sector circular** de n grados y radio r es: $A = \dfrac{\pi r^2 n}{360}$

EJEMPLO

16 Determina el área de este sector circular:

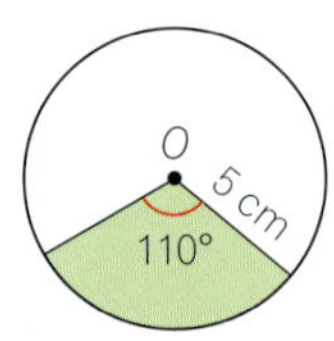

Aplicando la fórmula:

$$A = \frac{\pi r^2 n}{360} \xrightarrow{r = 5,\ n = 110} A = \frac{\pi \cdot 5^2 \cdot 110}{360} = 23{,}99\ \text{cm}^2$$

NO OLVIDES

La corona circular es la zona comprendida entre dos circunferencias que tienen el mismo centro y distinto radio.

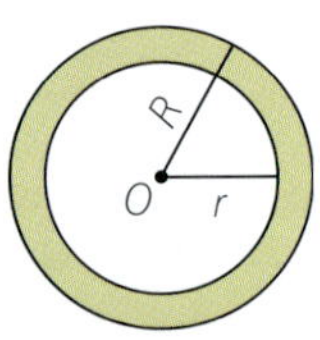

EJERCICIOS

PRACTICA

33 Halla el área de un círculo de 6 cm de diámetro.

34 Calcula el área de estos sectores circulares:

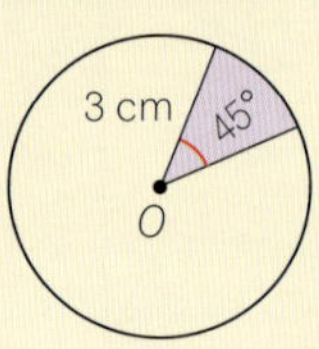

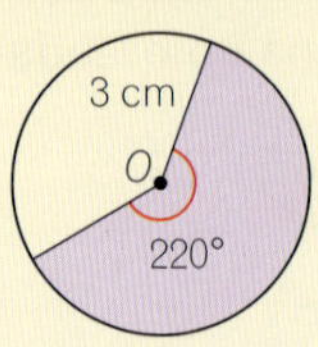

APLICA

35 Obtén el área de una corona circular limitada por dos circunferencias de radios 4 y 8 cm, respectivamente.

REFLEXIONA

36 ¿Podemos hallar el área de una circunferencia? ¿Y de un arco de circunferencia? ¿Por qué?

8 Área de una figura plana

El área de una figura plana cualquiera se puede hallar descomponiendo la figura en otras figuras cuyas áreas sepamos calcular.

EJEMPLOS

17 Calcula el área del polígono.

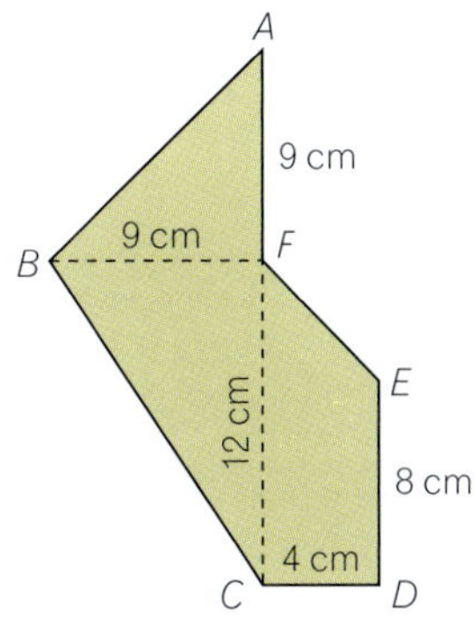

Esta figura se puede descomponer en dos polígonos: el triángulo $\widehat{ABC}$ y el trapecio $CDEF$.

Área del triángulo $\widehat{ABC} = \dfrac{(12 + 9) \cdot 9}{2} = 94{,}5 \text{ cm}^2$

Área del trapecio $CDEF = \dfrac{(8 + 12) \cdot 4}{2} = 40 \text{ cm}^2$

Área total del polígono $= 94{,}5 + 40 = 134{,}5 \text{ cm}^2$

18 Determina el área de la figura de la derecha con los datos que se indican.

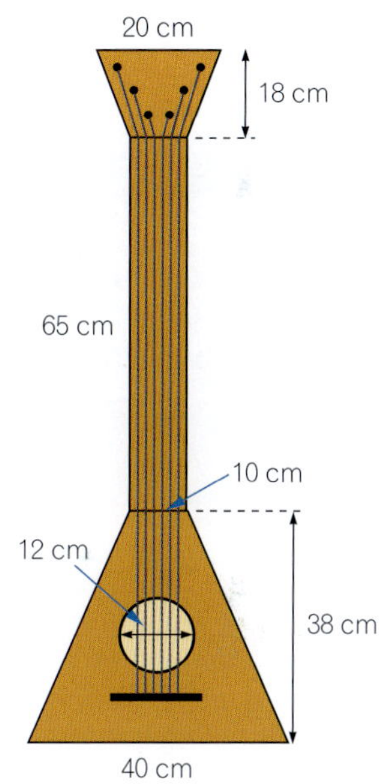

Descomponemos la figura en:

- Cuerpo, la parte de abajo: un trapecio al que habrá que restar el área del círculo que hay en su interior.
- Mástil: un rectángulo.
- Clavijero, la parte de arriba: otro trapecio.

$$A_{\text{Cuerpo}} = \frac{(B + b) \cdot h}{2} = \frac{(40 + 10) \cdot 38}{2} = 950 \text{ cm}^2$$

$$A_{\text{Círculo}} = \pi r^2 = \pi \cdot 6^2 = 113{,}04 \text{ cm}^2$$

$$A_{\text{Mástil}} = b \cdot h = 65 \cdot 10 = 650 \text{ cm}^2$$

$$A_{\text{Clavijero}} = \frac{(B + b) \cdot h}{2} = \frac{(20 + 10) \cdot 18}{2} = 270 \text{ cm}^2$$

El área total será la suma de las áreas menos el área del círculo de la figura:

$$A_{\text{Total}} = 950 - 113{,}04 + 650 + 270 = 1\,983{,}04 \text{ cm}^2$$

EJERCICIOS

PRACTICA

37 Calcula el área de estas figuras.

a)

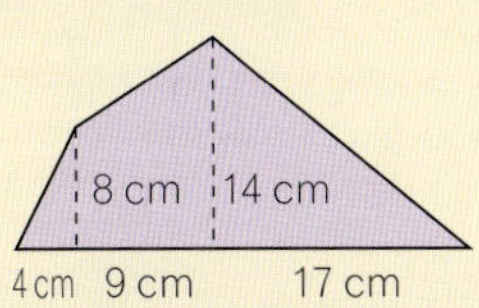

b)

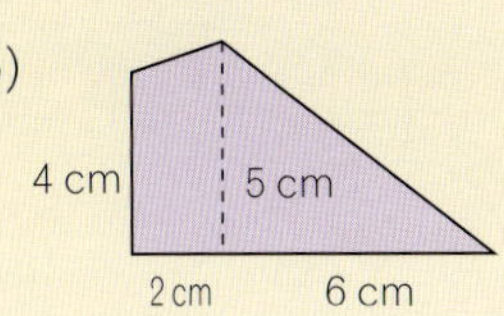

APLICA

38 Obtén el área de las zonas verdes.

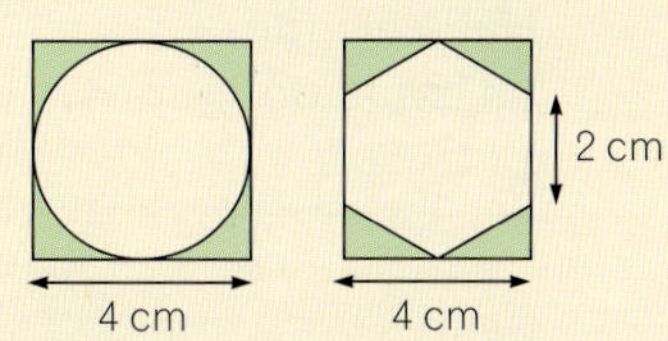

REFLEXIONA

39 Calcula el área de la zona coloreada.

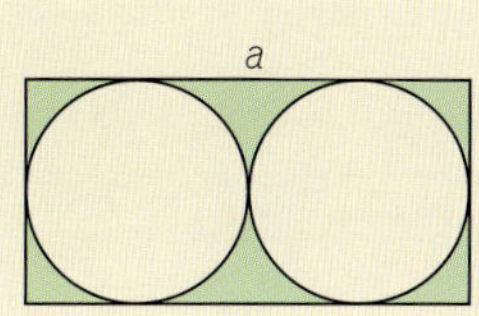

Lo esencial

COMPRENDE ESTAS PALABRAS

Perímetro

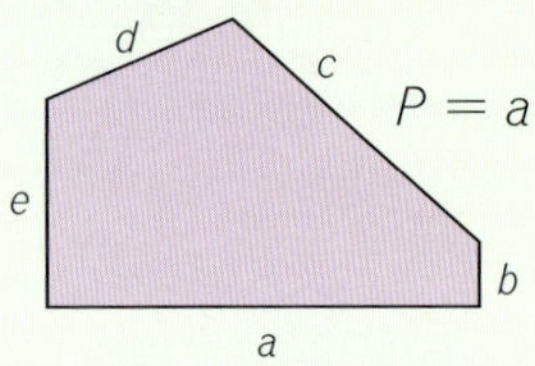

$P = a + b + c + d + e$

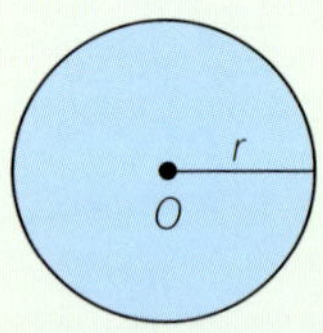

$L = 2 \cdot \pi \cdot r$

Área

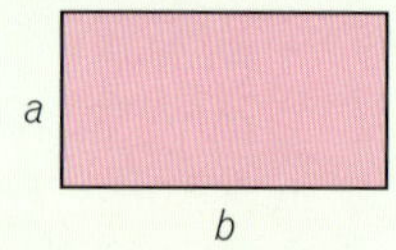

$A = a \cdot b$

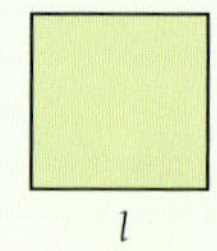

$A = l^2$

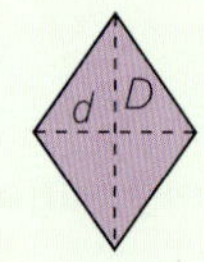

$A = \frac{D \cdot d}{2}$

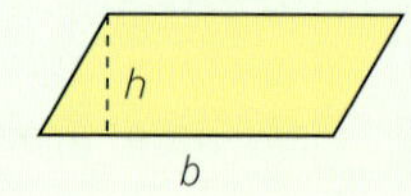

$A = b \cdot h$

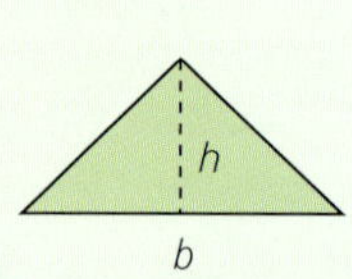

$A = \frac{b \cdot h}{2}$

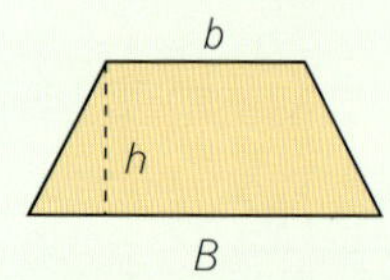

$A = \frac{(B + b) \cdot h}{2}$

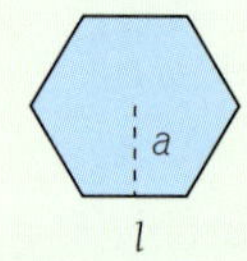

$A = \frac{P \cdot a}{2}$

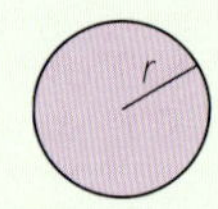

$A = \pi \cdot r^2$

HAZLO DE ESTA MANERA

1. UTILIZAR EL TEOREMA DE PITÁGORAS PARA CALCULAR ALTURAS

Halla la altura de estos polígonos.

a) 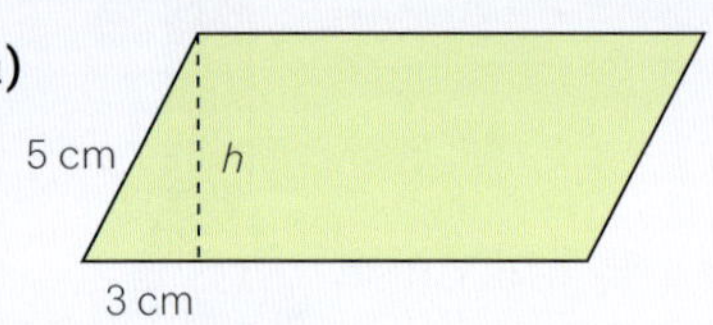

b) 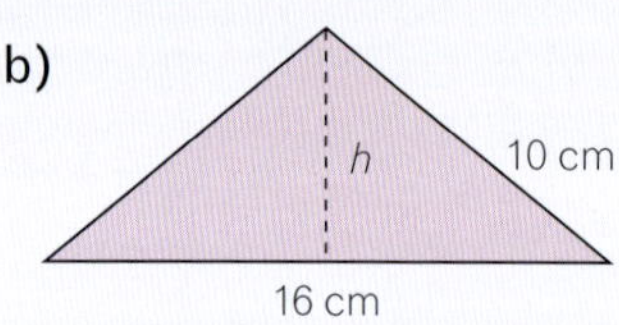

c) 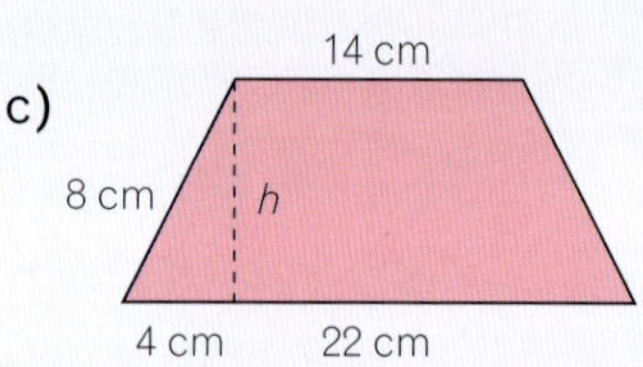

PRIMERO. Identificamos el triángulo rectángulo y sus medidas.

SEGUNDO. Aplicamos el teorema de Pitágoras.

a) $5^2 = 3^2 + h^2$
$h^2 = 5^2 - 3^2$
$h^2 = 16 \rightarrow h = \sqrt{16} = 4$ cm

b) $10^2 = 8^2 + h^2$
$h^2 = 10^2 - 8^2$
$h^2 = 36 \rightarrow h = \sqrt{36} = 6$ cm

c) $8^2 = 4^2 + h^2$
$h^2 = 8^2 - 4^2$
$h^2 = 48 \rightarrow h = \sqrt{48} = 6{,}93$ cm

2. UTILIZAR EL TEOREMA DE PITÁGORAS PARA CALCULAR EL LADO DE UN POLÍGONO

Halla el lado de estos polígonos.

a) 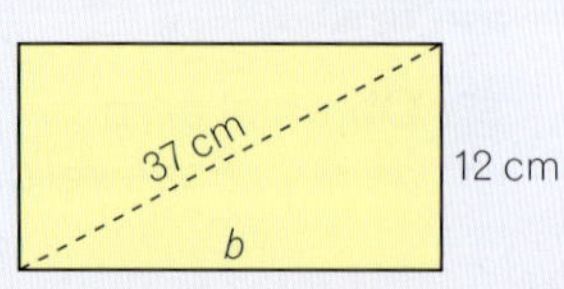

b) 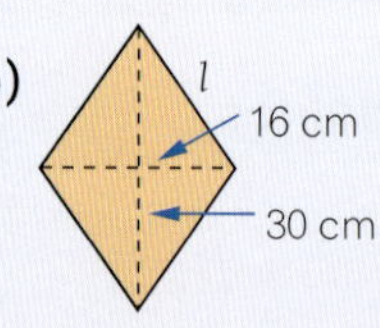

c) 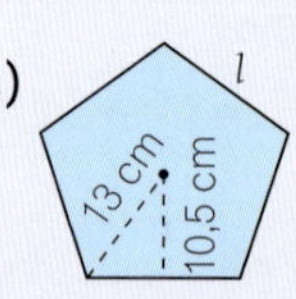

PRIMERO. Identificamos el triángulo rectángulo y sus medidas.

SEGUNDO. Aplicamos el teorema de Pitágoras.

a) $37^2 = 12^2 + b^2$
$b^2 = 37^2 - 12^2$
$b^2 = 1225 \rightarrow b = \sqrt{1225} = 35$ cm

b) $l^2 = 15^2 + 8^2$
$l^2 = 289$
$l = \sqrt{289} = 17$ cm

c) $13^2 = 10{,}5^2 + \left(\frac{l}{2}\right)^2 \rightarrow \left(\frac{l}{2}\right)^2 = 58{,}75$
$\frac{l}{2} = \sqrt{58{,}75} = 7{,}66 \rightarrow l = 15{,}3$ cm

3. CALCULAR EL ÁREA DE UNA FIGURA PLANA

Halla el área coloreada.

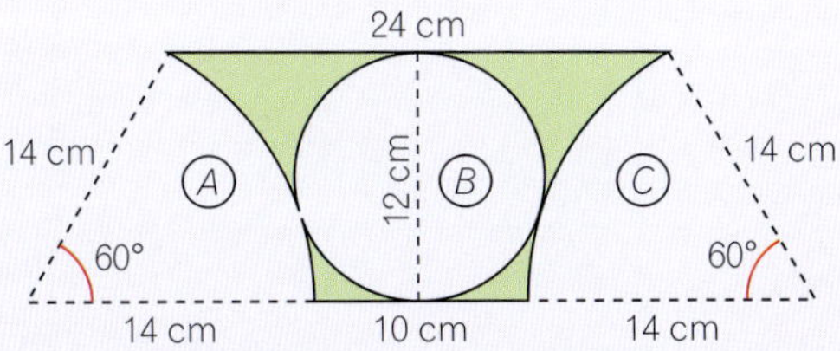

PRIMERO. Descomponemos la figura en otras figuras cuyas áreas sepamos calcular.

Figuras A y C $\rightarrow$ Sector circular de radio 14 cm y ángulo 60°.

Figura B $\longrightarrow$ Círculo de radio $\frac{12}{2} = 6$ cm.

La figura completa es un trapecio de altura 12 cm y bases de 24 cm y 10 + 14 + 14 = 38 cm.

$$A_{\text{Total}} = A_{\text{Trapecio}} - A_{\text{Figura } A} - A_{\text{Figura } B} - A_{\text{Figura } C}$$

SEGUNDO. Calculamos cada una de las áreas.

$$A_{\text{Figura } A} = \frac{\pi r^2 \cdot n}{360} = \frac{\pi \cdot 14^2 \cdot 60}{360} = 102{,}57 \text{ cm}^2 \qquad A_{\text{Figura } B} = \pi r^2 = \pi \cdot 6^2 = 113{,}04 \text{ cm}^2$$

$$A_{\text{Figura } C} = 102{,}57 \text{ cm}^2 \qquad A_{\text{Trapecio}} = \frac{(B + b) \cdot h}{2} = \frac{(38 + 24) \cdot 12}{2} = 372 \text{ cm}^2$$

TERCERO. Sumamos y restamos para obtener el área total.

$$A_{\text{Total}} = A_{\text{Trapecio}} - A_{\text{Figura } A} - A_{\text{Figura } B} - A_{\text{Figura } C} = 372 - 102{,}57 - 113{,}04 - 102{,}57 = 53{,}82 \text{ cm}^2$$

Y AHORA... PRACTICA

Comprende estas palabras

1. ¿Cuánto vale el área de un rectángulo cuyos lados miden 3 cm y 5 cm?

2. ¿Cuál es el área de un círculo de radio 3 cm?

Utilizar el teorema de Pitágoras para calcular alturas

3. Halla la altura de un triángulo equilátero de lado 8 cm.

4. Calcula el área de un trapecio rectángulo cuyas bases miden 5 cm y 8 cm, y el lado oblicuo 5 cm.

Utilizar el teorema de Pitágoras para calcular el lado de un polígono

5. Si las diagonales de un rombo miden 40 y 42 cm, respectivamente, ¿cuánto mide su lado?

6. Si la diagonal de un cuadrado mide 10 cm, ¿cuánto mide su área?

Calcular el área de una figura plana

7. Calcula el área de esta figura:

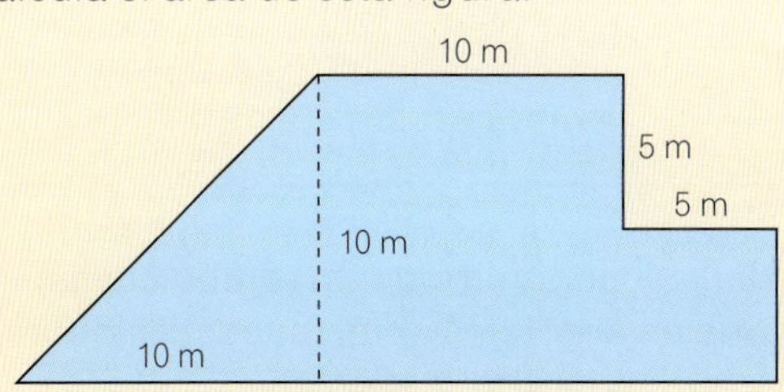

8. Halla el área de la zona coloreada.

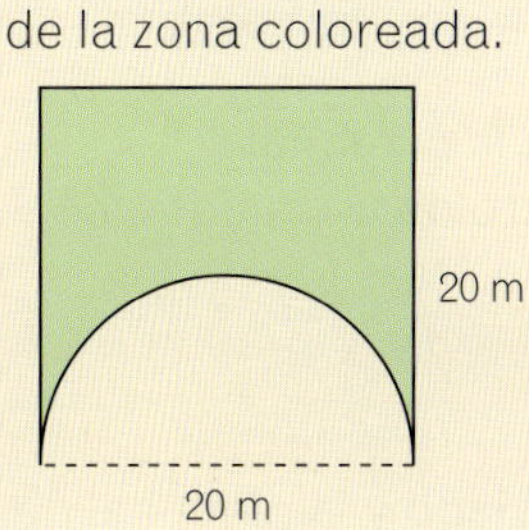

Actividades

PERÍMETRO

40. ● Dibuja cinco figuras planas que tengan 30 cm de perímetro. Indica los datos que las definen.

41. ● Sobre una cuadrícula, dibuja cinco figuras distintas que se puedan formar con 5 cuadraditos. Estas figuras se denominan pentaminos. Se pide:

a) Obtén el perímetro de cada figura.

b) ¿Tienen todas la misma área?

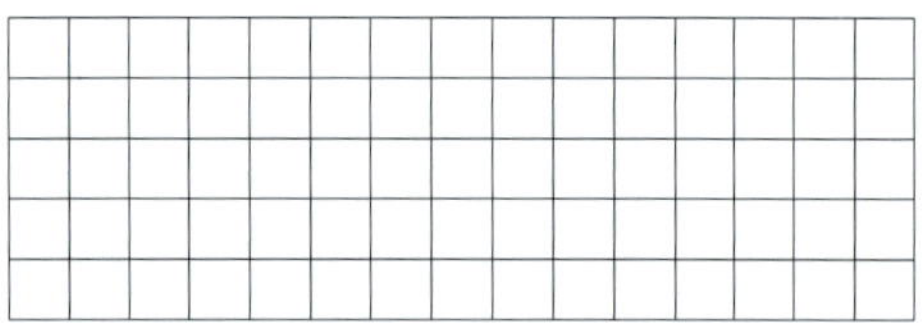

42. ● ¿Cuánto mide cada uno de los lados de un octógono regular si su perímetro es de 32 cm?

HAZLO ASÍ

¿CÓMO SE CALCULA EL PERÍMETRO DE UN TRIÁNGULO RECTÁNGULO SI NO SE CONOCE UN LADO?

43. ¿Cuánto mide el perímetro de un triángulo rectángulo cuyos catetos son 3 cm y 4 cm?

PRIMERO. Se calcula cuánto mide el lado desconocido aplicando el teorema de Pitágoras.

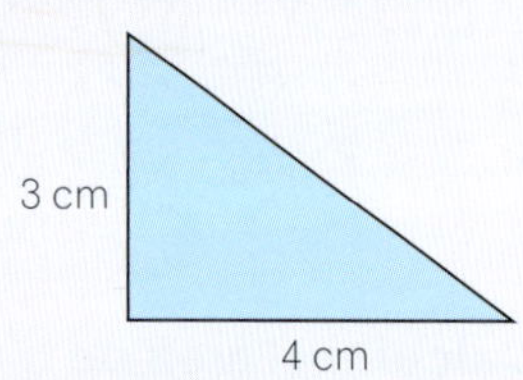

$$a^2 = 3^3 + 4^2$$

$$a = \sqrt{9 + 16} = \sqrt{25} = 5 \text{ cm}$$

SEGUNDO. Se halla el perímetro.

$$P = 3 + 4 + 5 = 12 \text{ cm}$$

44. ●● Halla el perímetro de un rombo cuyas diagonales son 12 y 16 cm, respectivamente.

45. ●● ¿Cuánto mide el perímetro y la diagonal de un rectángulo de lados 12 cm y 16 cm?

46. ●● Calcula la diagonal y el perímetro de un cuadrado de lado 5 cm.

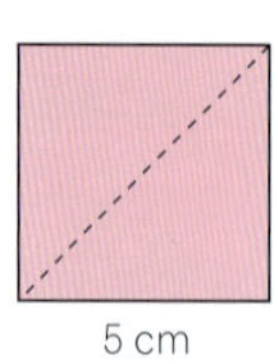

47. ●● Halla el lado y la diagonal de un cuadrado de perímetro 40 cm.

48. ●● Si los lados del rectángulo miden 12 cm y 8 cm, y los puntos *E*, *F*, *G* y *H* son los puntos medios de los lados del rectángulo, calcula el perímetro del rombo de la figura.

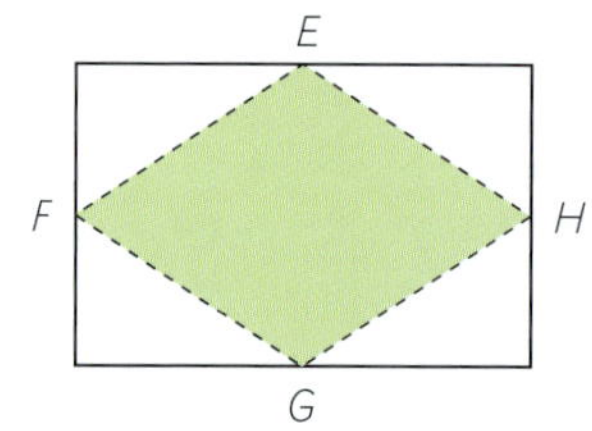

49. ● Obtén la longitud de las siguientes circunferencias.

a) De 12 cm de radio.

b) De 10 cm de diámetro.

c) Si la tercera parte del radio es 5 cm.

50. ● La diagonal de un cuadrado inscrito en una circunferencia mide 4 cm. Halla la longitud de la circunferencia.

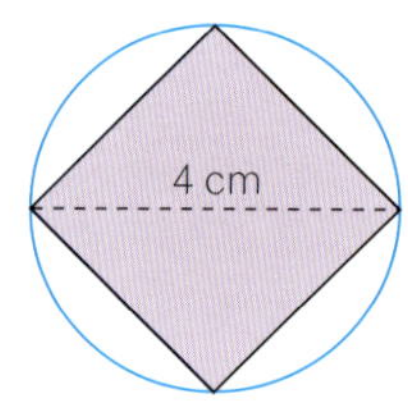

51. ●● Calcula el perímetro del cuadrado inscrito en una circunferencia de radio 5 cm.

52. ●● Dado un cuadrado de 10 cm de lado, obtén:

a) La longitud de la circunferencia inscrita en el cuadrado.

b) La longitud de la circunferencia circunscrita en el cuadrado.

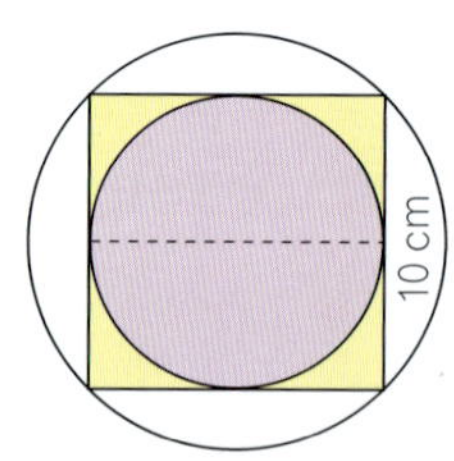

53. ● En una circunferencia de radio 12 cm, calcula la longitud de los siguientes arcos.

a) 30°

b) 60°

c) 90°

d) 120°

54. ●● En una circunferencia, la longitud de un arco de 270° es 628 cm. ¿Cuál será la longitud de la circunferencia?

ÁREA DE PARALELOGRAMOS

55. ● Calcula el área de las siguientes figuras.

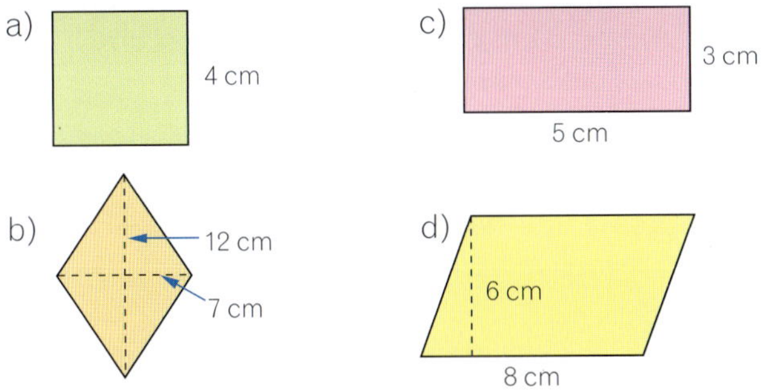

56. ●● Un cuadrado tiene una superficie de 3600 m^2. ¿Cuánto mide cada uno de sus lados?

57. ●● En un rectángulo de 320 cm^2 de superficie, uno de sus lados mide 20 cm. ¿Cuánto mide el otro?

58. ●● Un rombo tiene un área de 400 cm^2 y una de sus diagonales mide 40 cm. ¿Cuánto medirá la otra diagonal?

59. ●● Si un romboide tiene un área de 66 cm^2 y su altura mide 6 cm, ¿cuánto mide su base?

HAZLO ASÍ

¿CÓMO SE CALCULA EL ÁREA DE UN ROMBO CONOCIENDO SU LADO Y UNA DE SUS DIAGONALES?

60. Halla el área de un rombo en el que una de las diagonales mide 12 cm y el lado 10 cm.

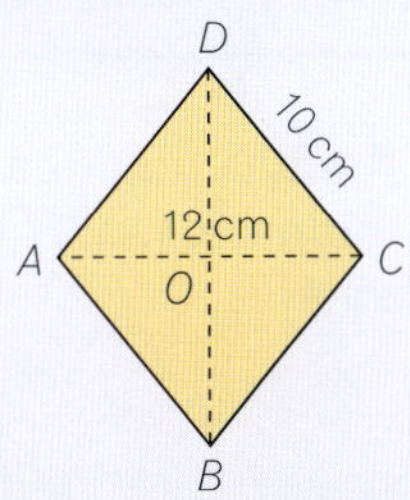

PRIMERO. Se calcula la diagonal desconocida aplicando el teorema de Pitágoras.

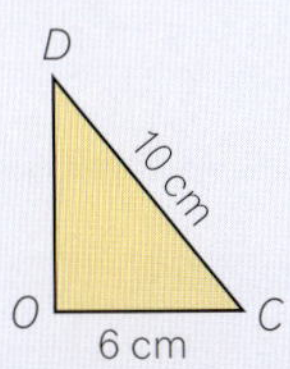

$OC = 12 : 2 = 6$ cm $\quad CD = 10$ cm

$CD^2 = OC^2 + OD^2$

$OD = \sqrt{10^2 - 6^2} = \sqrt{64} = 8$ cm

Diagonal mayor $= 2 \cdot 8 = 16$ cm

SEGUNDO. Se halla el área.

$$\text{Área del rombo} = \frac{D \cdot d}{2} = \frac{16 \cdot 12}{2} = 96 \text{ cm}^2$$

61. ● Obtén el área de las siguientes figuras.

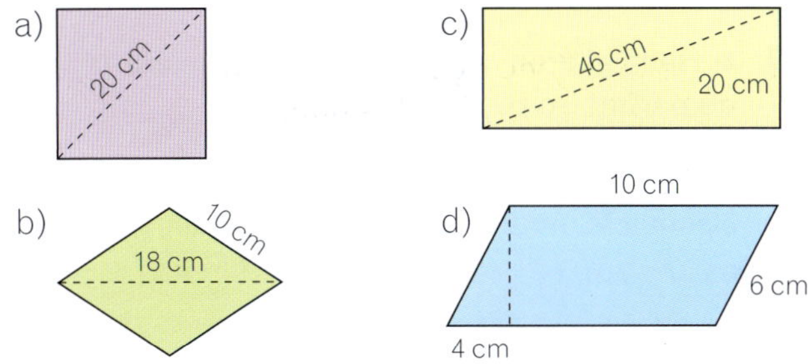

62. ●● Calcula el área de las zonas coloreadas.

63. ●● Un rectángulo *ABCD* mide 8 cm de ancho y el doble de largo. Los puntos *E*, *F*, *G* y *H* son los puntos medios de los lados del rectángulo. Calcula el área de la zona coloreada.

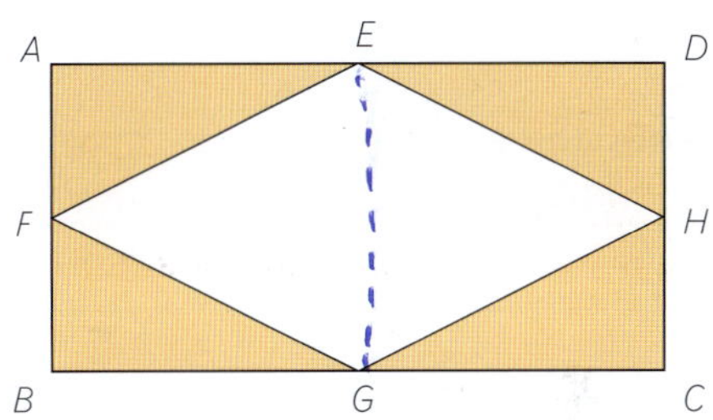

ÁREA DE UN TRIÁNGULO

64. ● Obtén el área de los siguientes triángulos.

a) Base = 5 cm y altura = 12 cm

b) Base = 8 dm y altura = 13 cm

c) Base = 5 dm y altura = 15 cm

65. ● En este triángulo isósceles, calcula.

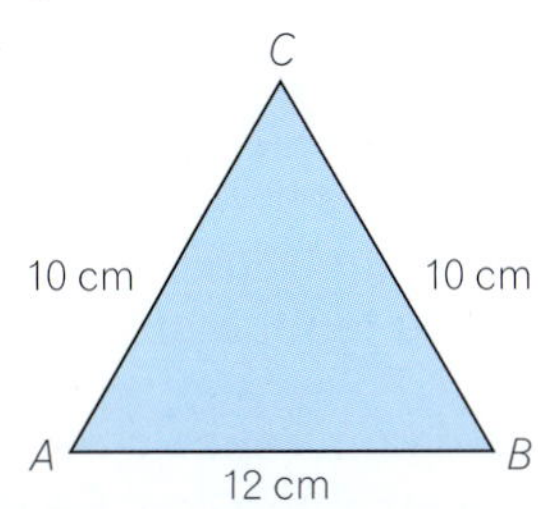

a) El perímetro del triángulo.

b) La altura del triángulo.

c) El área del triángulo.

66. ● En un triángulo isósceles, los lados iguales AC y BC miden 20 cm y la base AB tiene 24 cm de longitud. Calcula su perímetro, su altura y su área.

67. ● Halla el área de un triángulo equilátero de perímetro 60 cm.

68. ●● Un triángulo isósceles tiene de perímetro 32 cm y la medida del lado desigual es 12 cm.

a) ¿Cuánto mide su altura?

b) ¿Cuál es su área?

HAZLO ASÍ

¿CÓMO SE CALCULA LA ALTURA DE UN TRIÁNGULO CONOCIENDO SU BASE Y SU ÁREA?

69. Calcula la altura de un triángulo cuya base mide 4 cm y tiene un área de 10 cm^2.

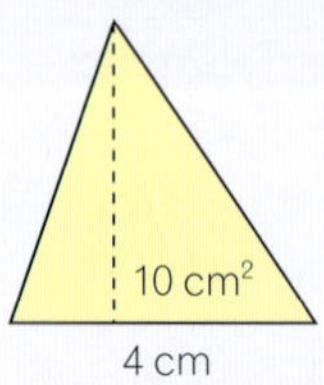

PRIMERO. Se sustituyen los datos que se tienen en la fórmula del área del triángulo.

$$A = \frac{b \cdot h}{2} \xrightarrow{A = 10,\, b = 4} 10 = \frac{4 \cdot h}{2}$$

SEGUNDO. Se despeja h.

$$10 = \frac{4 \cdot h}{2} \rightarrow 10 \cdot 2 = 4 \cdot h \rightarrow h = \frac{10 \cdot 2}{4} \rightarrow h = 5 \text{ cm}$$

70. ● Calcula la altura de un triángulo cuya base mide 18 cm y su área 9 dm^2.

71. ● Halla la altura de un triángulo de 2 cm de base y 1 dm^2 de área.

72. ● Determina la altura de un triángulo de 8 cm de base y 64 cm^2 de área. ¿Cómo es el triángulo?

73. ●● En un triángulo rectángulo isósceles, el área mide 50 m^2. Calcula la base y la altura.

ÁREA DE UN TRAPECIO

74. ● Las bases de un trapecio miden 0,8 dm y 7 cm. ¿Qué superficie tendrá, si la altura es 4 cm?

75. ● Las bases de un trapecio rectángulo miden 10 m y 15 m, y su altura 8 m. Calcula su área.

76. ● Halla el área de un trapecio rectángulo de bases 8 cm y 12 cm, y de lado perpendicular a las bases 5 cm.

HAZLO ASÍ

¿CÓMO SE CALCULA EL ÁREA DE UN TRAPECIO RECTÁNGULO CONOCIENDO SUS DIAGONALES Y SU ALTURA?

77. Las diagonales de un trapecio rectángulo miden 26 cm y 145 cm, y su altura 24 cm. Calcula su área.

PRIMERO. Se considera una de sus diagonales y se calcula una de las bases, aplicando el teorema de Pitágoras.

$$145^2 = 24^2 + B^2 \rightarrow B^2 = 145^2 - 24^2 \rightarrow B^2 = 20\,499$$
$$\rightarrow B = \sqrt{20\,499} = 143 \text{ cm}$$

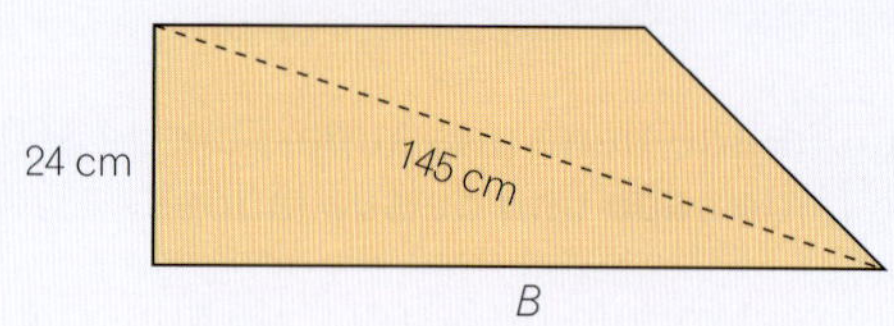

SEGUNDO. Se toma la otra diagonal y se calcula la otra base, aplicando el teorema de Pitágoras.

$$26^2 = 24^2 + b^2 \rightarrow b^2 = 26^2 - 24^2 \rightarrow b^2 = 100$$
$$\rightarrow b = \sqrt{100} = 10 \text{ cm}$$

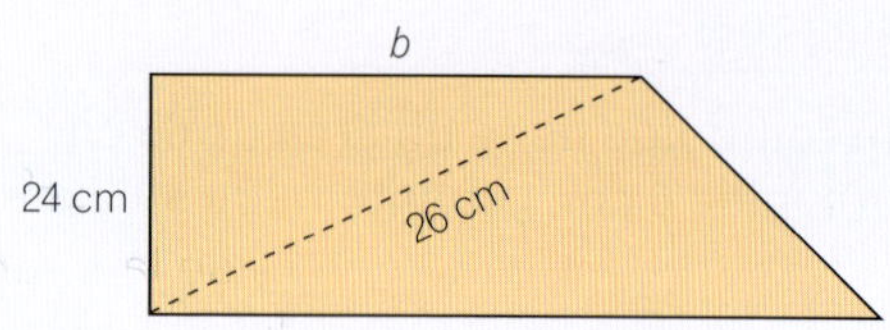

TERCERO. Se aplica la fórmula del área.

$$A = \frac{(B + b) \cdot h}{2} = \frac{(143 + 10) \cdot 24}{2} = 1836 \text{ cm}^2$$

78. ●● Las diagonales de un trapecio rectángulo miden 10 m y 17 m, y su altura 8 m. Determina su área.

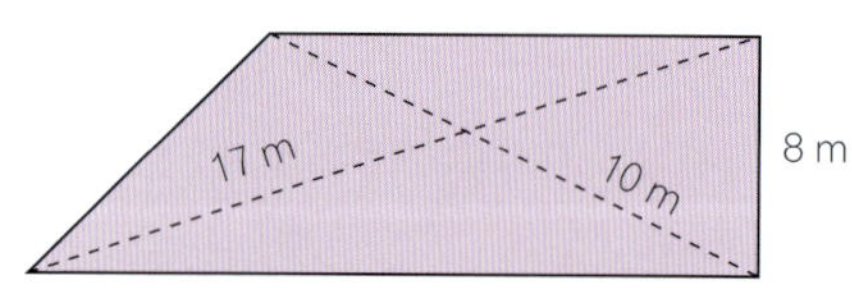

79. ●● En un trapecio rectángulo, las bases miden 7 y 12 cm, respectivamente, y su altura 5 cm. Halla sus diagonales.

80. ●● Obtén la altura y el área de un trapecio rectángulo cuya base menor mide 12 cm, la diagonal menor 15 cm y el lado oblicuo 13 cm.

81. ●● Calcula el área del trapecio rectángulo cuya base mayor es doble que la menor, y esta es igual a su altura, que mide 24 dm.

ÁREA DE POLÍGONOS REGULARES

82. ● Calcula el área de un pentágono regular cuyo lado mide 20 cm y su apotema 13,76 cm.

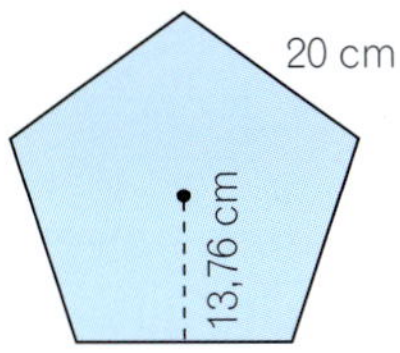

83. ● Obtén el área de un hexágono regular cuyo lado mide 25 cm y su apotema 21,65 cm.

84. ●● Halla el lado de un hexágono regular de apotema 6 cm y área 124,7 cm^2.

85. ●● Determina el perímetro de un heptágono regular de área 215,75 dm^2 y apotema 8 dm.

86. ●● Calcula la apotema de un octógono regular de lado 56 cm y radio 73,17 cm.

87. ●● Halla el área de un decágono regular de lado 22,87 cm y radio 37 cm.

88. ●● El lado del hexágono regular *ABCDEF* mide 8 cm y su apotema 6,9 cm.

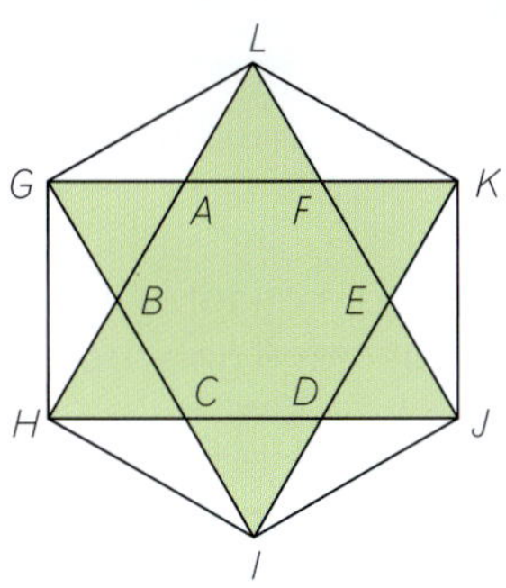

a) ¿Cuál es el área del hexágono *ABCDEF*?

b) ¿Y el área de la figura coloreada?

c) ¿Cuál será el área del hexágono *GHIJKL*?

d) ¿Qué fracción del hexágono *GHIJKL* representa el área de la figura coloreada?

ÁREA DEL CÍRCULO

89. ●● Dada una circunferencia de 6 cm de diámetro:

a) Calcula su radio.

b) Dibuja la circunferencia y señala el círculo.

c) Halla el área del círculo.

90. ●● Considerando un círculo de 46 cm^2 de área:

a) Calcula el radio y el diámetro.

b) Dibuja la circunferencia y señala el círculo.

c) Obtén la longitud de la circunferencia.

91. ● Determina el área de un círculo, sabiendo que la longitud de la circunferencia que lo delimita es 25,12 cm.

HAZLO ASÍ

¿CÓMO SE CALCULA EL PERÍMETRO DE UN HEXÁGONO REGULAR CONOCIENDO LA LONGITUD DE LA CIRCUNFERENCIA QUE LO CIRCUNSCRIBE?

92. Calcula el perímetro del hexágono inscrito en la circunferencia, si la longitud de la circunferencia es 12,56 cm.

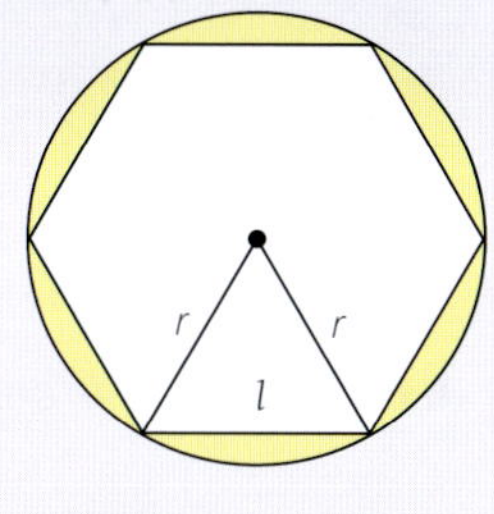

PRIMERO. Se calcula el radio.

$$L = 2\pi r \xrightarrow{L\,=\,12{,}56} 12{,}56 = 2\pi r$$

$$r = \frac{12{,}56}{2\pi} = 2 \text{ cm}$$

SEGUNDO. En un hexágono regular, el radio es igual al lado.

$$l = r = 2 \text{ cm} \rightarrow P = 6 \cdot 2 = 12 \text{ cm}$$

93. ● Halla el perímetro del hexágono regular inscrito en la circunferencia, sabiendo que la longitud de la misma es 15,7 cm.

94. ●● Una circunferencia tiene 3,5 cm de radio.

a) ¿Cuál es el perímetro del hexágono regular inscrito?

b) ¿Y el del cuadrado circunscrito?

95. ●● Un hexágono regular está inscrito en una circunferencia de radio 10 cm. ¿Cuál es el área comprendida entre ambos?

96. ●● Halla el área de estos sectores circulares.

a)

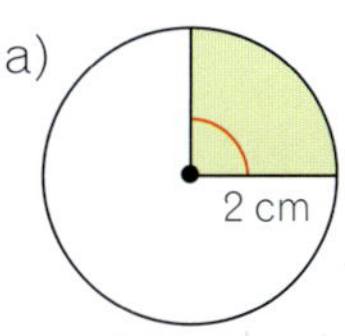

b)

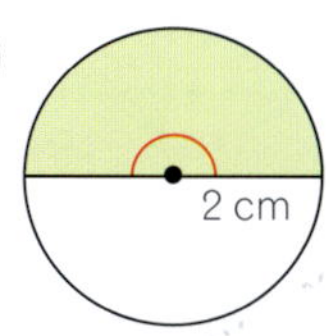

97. ●● Dibuja una circunferencia de 4 cm de radio. Traza un diámetro *AB* y otro diámetro *CD* perpendicular al diámetro *AB*, y calcula.

a) El área del círculo.

b) El área del cuadrilátero *ACBD*.

c) El área de la superficie comprendida entre el círculo y el cuadrilátero.

98. ●● ¿Cuál es el área de la región coloreada?

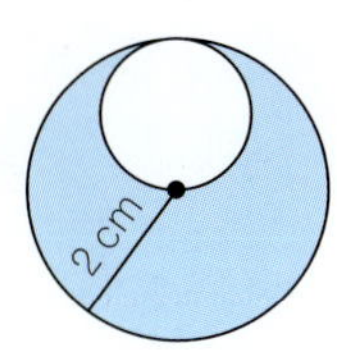

ÁREA DE UNA FIGURA PLANA

99. ●● Obtén el área de las zonas coloreadas.

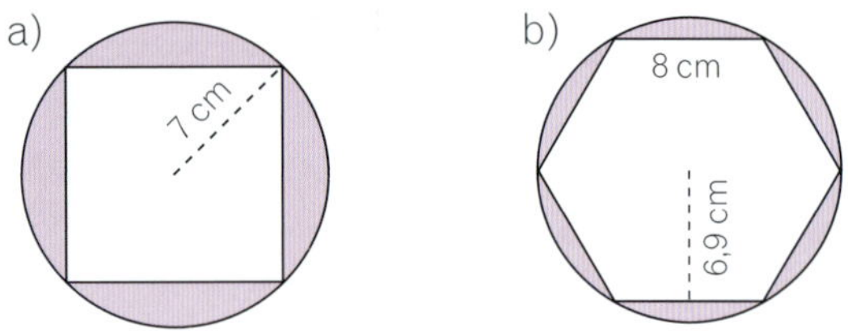

100. ●● Calcula el área de esta figura:

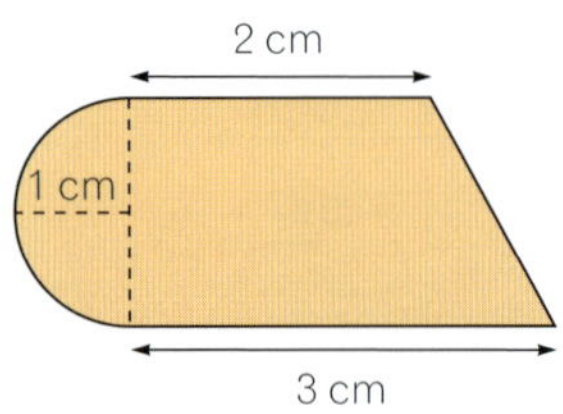

101. ●● Determina el área y el perímetro de las siguientes figuras, y explica cómo lo haces.

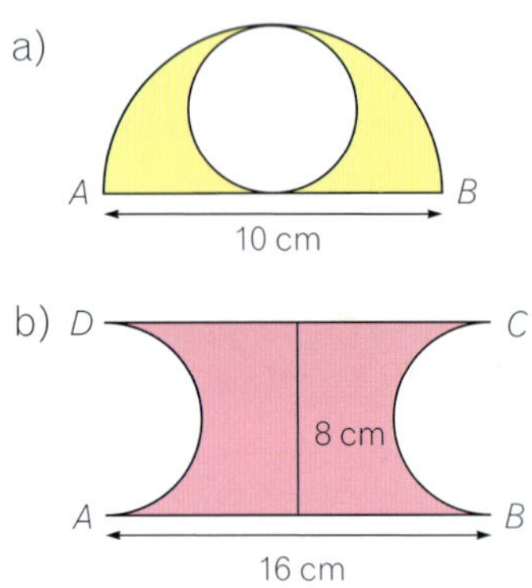

102. ●● Obtén el área de la figura coloreada.

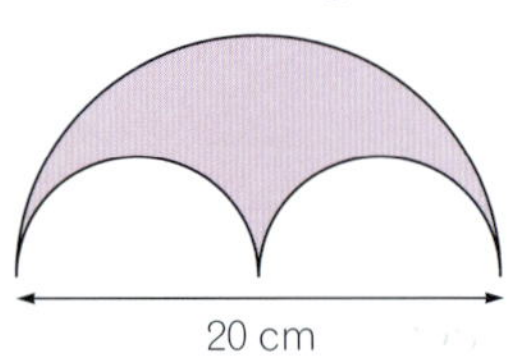

103. ●● Determina el área de estas figuras.

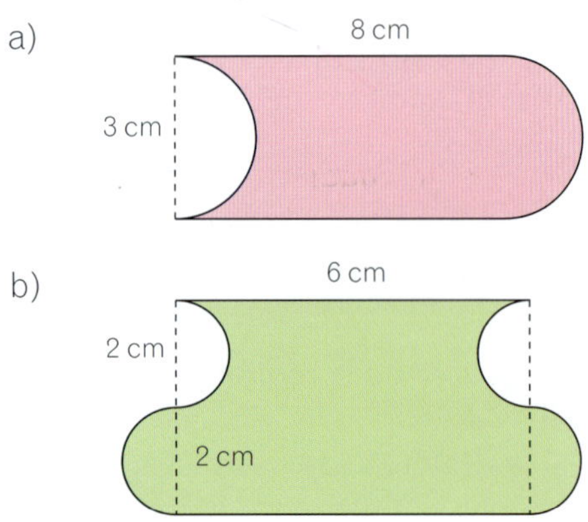

PROBLEMAS DE ÁREAS

104. ● ¿Cuál es el área de un tablero de ajedrez si cada casilla tiene 25 mm de lado?

105. ●● ¿Cuántas baldosas hay en un salón cuadrado de 6 m de longitud si cada baldosa es cuadrada y mide 20 cm de lado?

106. ●● Calcula cuánto medirá el lado de una baldosa cuadrada que tiene de superficie 324 cm^2.

107. ●● ¿Cuánto costará empapelar una pared cuadrada de 3,5 m de lado con un papel que cuesta 4 €/m^2?

108. ●● Una habitación cuadrada tiene una superficie de 25 m^2. Se va a poner una cenefa alrededor que cuesta 2 €/m. ¿Cuánto valdrá?

109. ●● Plantamos árboles en un jardín cuadrado de 256 m^2 de área. Si cada 4 m se pone un árbol, ¿cuántos árboles se plantarán?

110. ●● ¿Cuántos árboles podremos plantar en un terreno con forma de paralelogramo de 30 m de largo y 32 m de ancho, si cada árbol necesita una superficie de 4 m^2?

111. ●● ¿Cuánto costará cubrir de plástico un terreno en forma de rombo, con diagonales de 68,65 m y 43,8 m si cuesta 30 €/m^2?

112. ●● Se va a sembrar de césped un campo de golf que tiene forma de trapecio. Sus bases miden: 4 hm, 9 dam y 5 m, y 1 hm y 5 m. Si su altura es de 80 m, ¿cuánto costará si sembrar un metro cuadrado vale 2 €?

113. ●● El suelo de una habitación tiene forma de trapecio. Sus bases miden 4,3 m y 3,4 m, y la altura es de 2 m.

a) Calcula su área.

b) ¿Cuánto tendremos que pagar por acuchillar el parqué del suelo si el precio por metro cuadrado es de 10 €?

114. ●● ¿Qué superficie ocupará una casa cuya planta tiene forma de hexágono, si su lado mide 28 m y su apotema 24 m?

¿Cuánto costará impermeabilizar la azotea si el precio es de 15 €/m²?

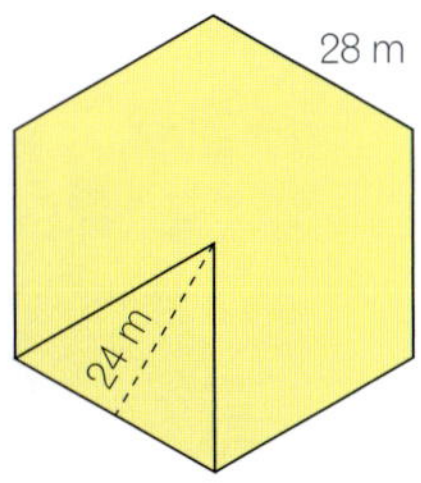

115. ●● Calcula la longitud del camino recorrido por una rueda de 64 cm de radio si da 100 vueltas.

116. ●●● La luz que emite un faro forma un ángulo de 128°.

a) A 6 millas marinas del faro, ¿cuál es la longitud del arco de la circunferencia donde se percibe la luz? (1 milla marina = 1 852 m)

b) Si el alcance máximo de iluminación del faro es de 7 millas, ¿cuál es la longitud del arco correspondiente?

117. ●●● Hace mucho tiempo, un rey quiso construir un jardín rectangular dentro de un estanque circular de radio 10 m. Convocó un concurso, dando a los participantes el siguiente plano, pero ninguno logró calcular el área del jardín.

a) Calcula el perímetro del jardín.

b) ¿Cuál es el área del jardín en hectáreas?

c) ¿Y el área de la parte del estanque no ocupada por el jardín?

d) ¿Qué porcentaje del área total del estanque ocupa el jardín?

118. ●●● Una piscina rectangular, de 15 m de largo y 10 m de ancho, está rodeada de césped.

a) Expresa el área de la zona de césped en función de a.

b) ¿Para qué valores de a el área del césped es mayor que la de la piscina?

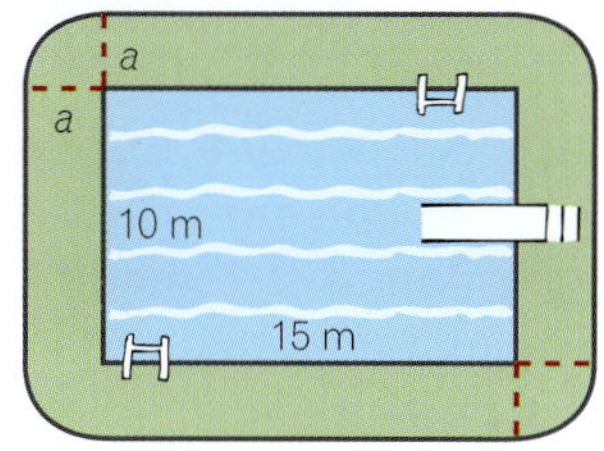

INVESTIGA

119. ●●● En la figura dada, halla las áreas de los rectángulos A, B y C y la del cuadrado D.

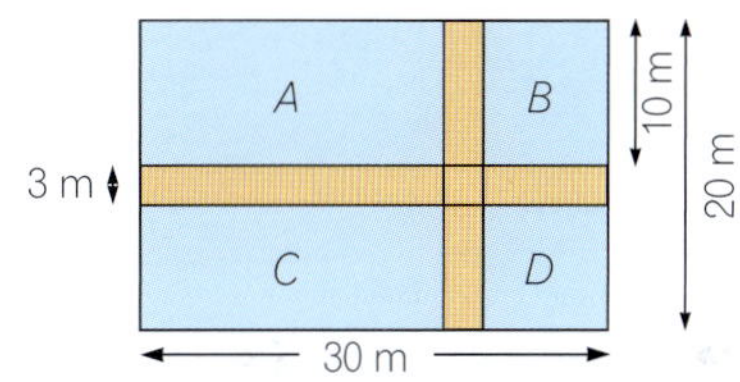

120. ●●● Calcula el área de los triángulos $\widehat{ACB}$, $\widehat{ADB}$ y $\widehat{AEB}$. ¿Qué observas?

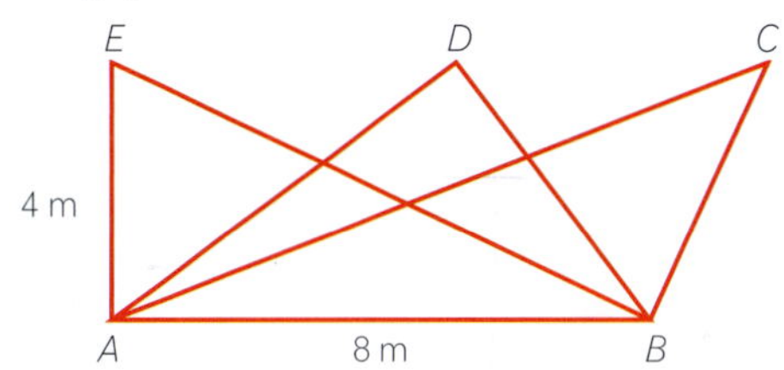

121. ●●● Calcula el área de cada una de las piezas de este *tangram* chino en función de a.

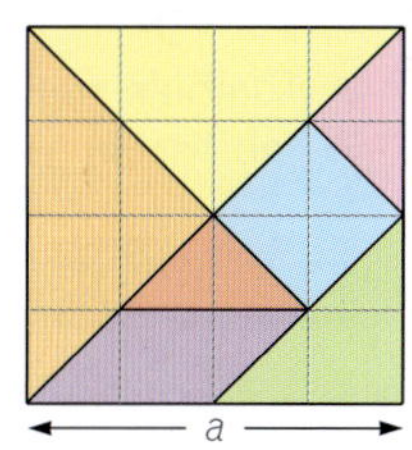

122. ●●● ¿Qué fracción del área del rombo ocupa la zona coloreada?

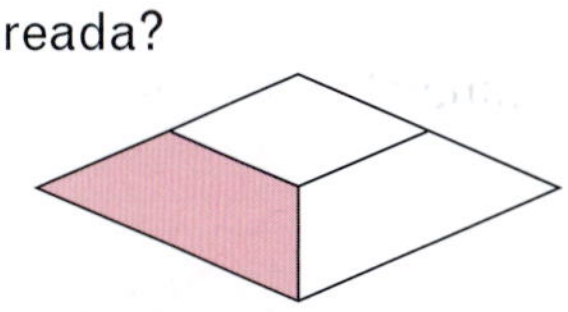

123. ●●● Dividimos un cuadrado de lado 1 en tres partes de igual área, uniendo el centro del cuadrado con tres lados, como indica la figura.

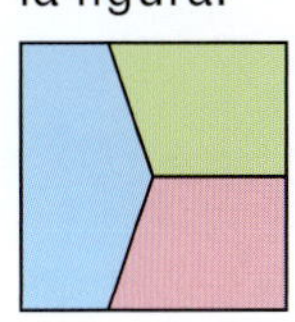

Se forman así dos trapecios iguales y un pentágono.

Calcula la longitud de la base mayor de cada trapecio.

Pon a prueba tus capacidades

124. ●●● Tras varios años trabajando en una empresa de decoración, Jacinto ha decidido montar su propia empresa.

Su primer trabajo es pintar la planta superior de una casa rural, donde ha tomado estas notas:

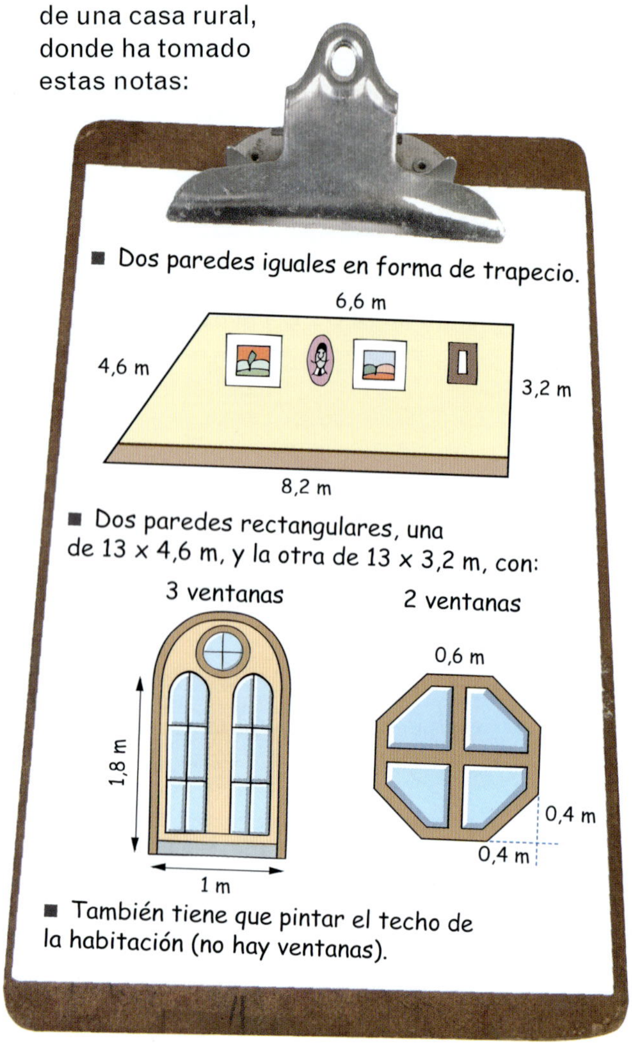

ERES CAPAZ DE... COMPRENDER

a) ¿Cuánto miden las superficies que se van a pintar? ¿Y el perímetro de las ventanas?

ERES CAPAZ DE... RESOLVER

b) Haz un presupuesto con estos datos:

Cinta adhesiva para no manchar los contornos de las ventanas	2,40 €/m
Pintura	2,60 €/m^2
Mano de obra	4,80 €/m^2

ERES CAPAZ DE... DECIDIR

c) Jacinto presenta otro presupuesto de 1 500 € en el que no incluye la pintura, ¿qué presupuesto consideras que es más conveniente?

125. ●●● Lee la siguiente noticia:

Nuevo desastre ecológico

Varias grietas en el casco del petrolero *Orosucio* provocan el vertido de miles de litros de fuel en el puerto de Feixó.

Los vertidos se produjeron durante la noche y fueron advertidos por los vigilantes del puerto. Se han puesto en marcha medidas de emergencia encaminadas a tapar la salida del puerto para impedir que el fuel se extienda por el mar.

Los técnicos estiman que la superficie del puerto podría estar limpia en 18 horas y advierten que les será imposible limpiar más de 6 ha por hora. Si se sobrepasase este tiempo, el petróleo rebasaría la entrada del puerto y sería irremediable su extensión por el mar.

ERES CAPAZ DE... COMPRENDER

a) ¿Qué forma tiene el puerto?

b) ¿Cuánta superficie se puede limpiar en una hora?

c) ¿En cuánto tiempo se estima que puede estar limpio el puerto?

ERES CAPAZ DE... RESOLVER

d) ¿Cuál es la superficie del puerto?

ERES CAPAZ DE... DECIDIR

e) ¿Crees que son ciertas las informaciones que proporcionan los técnicos?

Matemáticas con ordenador

GeoGebra
www.geogebra.org

Dibuja un polígono y calcula su perímetro y su área.

1. Elegimos la herramienta , y marcamos los vértices del polígono uno a uno, finalizando en el primer vértice marcado.

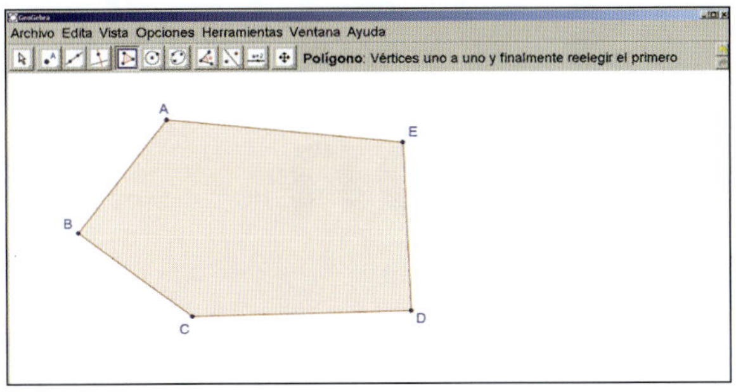

2. Con la herramienta y, marcando cada lado del polígono, aparece la medida de ese lado.

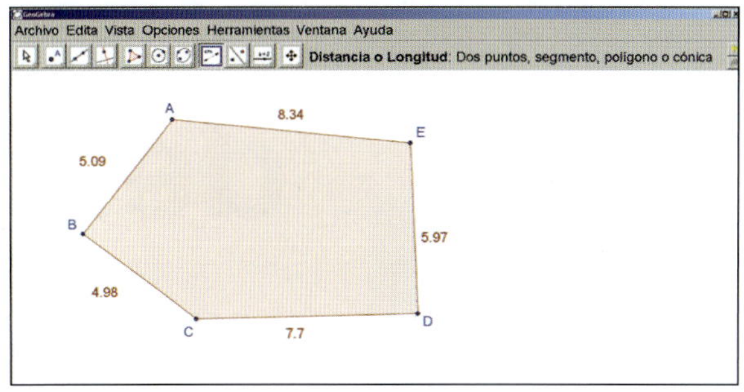

3. Con la misma herramienta, , hacemos clic sobre la medida de cada lado y aparece el nombre y la medida del lado.

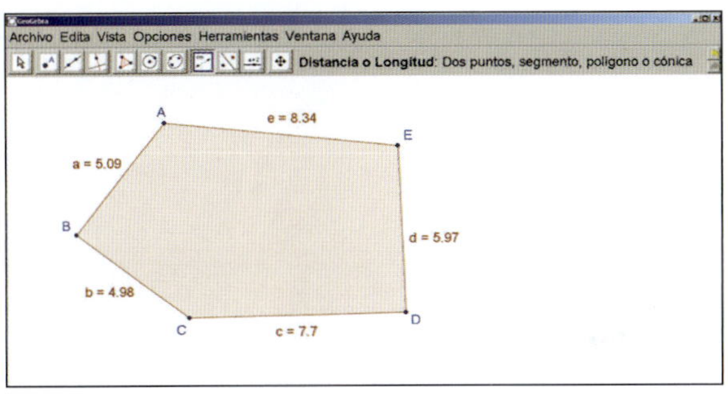

4. Sin cambiar de herramienta, , si hacemos clic sobre el recinto que encierra el polígono, aparece el valor del perímetro.

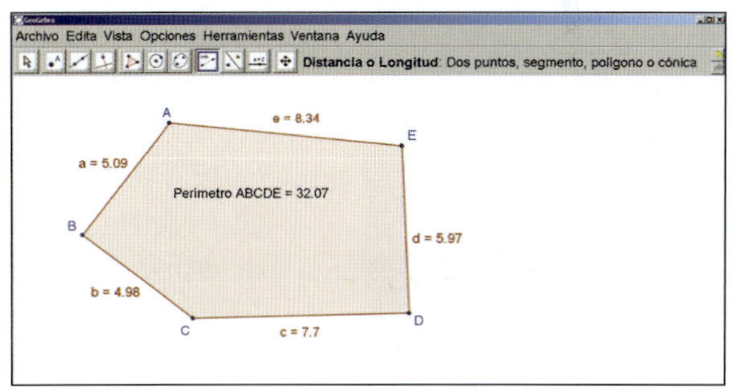

5. Seleccionamos la herramienta , señalamos el interior del polígono y aparece el área del mismo.

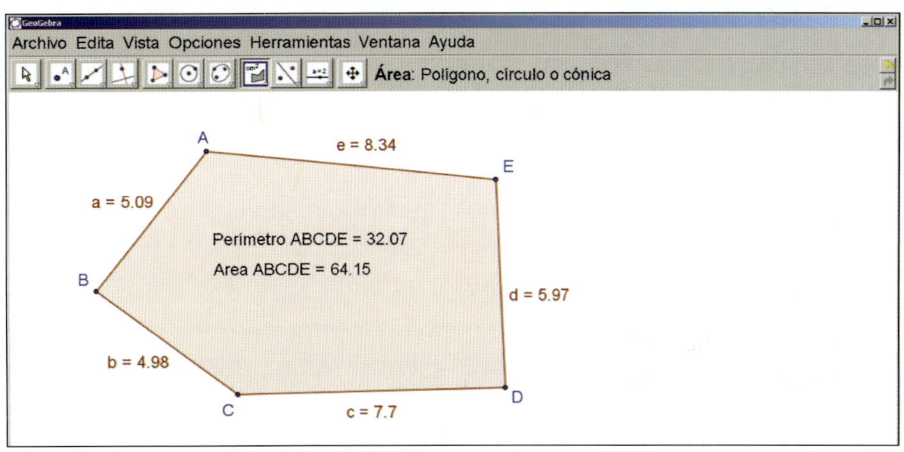

ACTIVIDADES

PRACTICA

1. Dibuja un hexágono y calcula su perímetro y su área.

2. Dibuja un hexágono regular y halla su perímetro y su área.

INVESTIGA

3. Comprueba la siguiente propiedad:
El área de todos los triángulos cuyo vértice C *está en una recta paralela a su lado opuesto,* AB, *es igual.*

12

Poliedros y cuerpos de revolución

El cíclope matemático

La tensión se apreciaba en el rostro de los presentes. La operación de cataratas parecía un éxito, pero la luz se fue apagando y Euler se quedó ciego.

Euler, que a sus 59 años derrochaba vitalidad, era el menos afectado de todos y bromeaba contando anécdotas de su vida.

–Si Federico el Grande de Prusia me viera ahora no sabría cómo llamarme –decía Euler, pues el monarca lo llamaba el *cíclope matemático*, porque había perdido un ojo en su juventud.

Euler continuaba con sus bromas y afirmaba:

–¡Ahora me llamaría Polifemo! –pero solo él rió un chiste que a los demás les pareció inoportuno.

Recuperando la seriedad, Euler se dirigió a su familia:

–No os preocupéis, la vista no lo es todo; de hecho ahora evitaré distracciones y me concentraré más. Lo que sí lamento es no poder escribir o dibujar.

–No te preocupes por eso –le dijo su hijo–. Tú solo piensa y dicta, que yo estaré aquí para escribir y dibujar lo que tú imaginas.

Esto ocurría en 1766 en San Petersburgo. Varios años antes, durante su estancia en Prusia, Euler publicó uno de sus trabajos más conocidos: la relación de Euler, que afirma que, en cualquier poliedro simple, el número de caras más el de vértices es igual al número de aristas más 2.

DESCUBRE LA HISTORIA...

1. ¿Quién fue Leonhard Euler? ¿Cuáles fueron sus aportaciones más importantes al estudio de las matemáticas?
2. ¿A qué episodio de la vida de Euler se refiere el texto? ¿Por qué Federico el Grande lo apodó *cíclope matemático*?
3. El texto hace referencia a la relación de Euler, ¿qué otros descubrimientos matemáticos se le atribuyen a Euler en el campo de la geometría?

Antes de empezar la unidad...

CONVIENE QUE...
Recuerdes cuáles son los **elementos de un polígono**.

PORQUE...
Nos servirá para identificar los **elementos de un poliedro**.

Elementos de un polígono

- **Lados:** segmentos que delimitan el polígono.
- **Vértices:** puntos donde se unen dos lados.
- **Diagonales:** segmentos que unen dos vértices no consecutivos.
- **Ángulo interior:** ángulo formado por los lados del polígono.

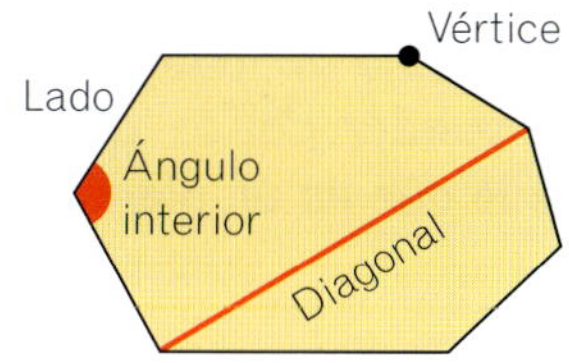

CONVIENE QUE...
Conozcas las **principales figuras planas**.

PORQUE...
Nos ayudará a trabajar con **poliedros**.

Figuras planas

N.º de lados	3	4	5	6	7
Nombre	Triángulo	Cuadrilátero	Pentágono	Hexágono	Heptágono

N.º de lados	8	9	10	11	12
Nombre	Octógono	Eneágono	Decágono	Endecágono	Dodecágono

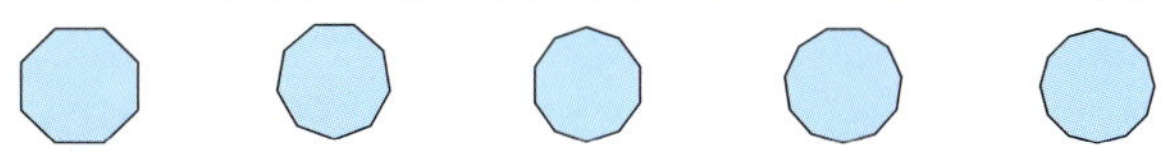

CONVIENE QUE...
Sepas determinar los **ejes de simetría de un polígono**.

PORQUE...
Lo vamos a necesitar para construir **cuerpos de revolución**.

Ejes de simetría de un polígono

Un eje de simetría de un polígono es la recta que divide al polígono en dos partes iguales.

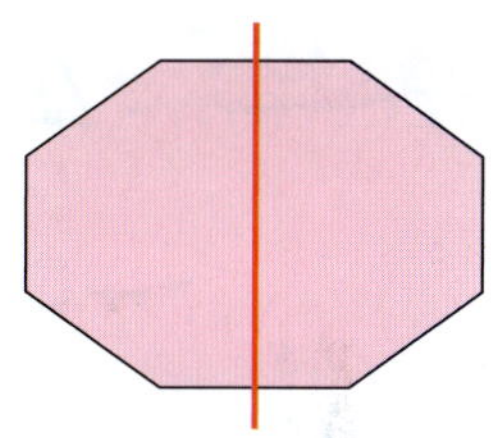

EVALUACIÓN INICIAL

Elementos de un polígono

1. Contesta si es verdadero o falso.

a) Un polígono puede tener más lados que vértices.
b) Un polígono puede tener más ángulos que vértices.
c) Un polígono puede tener más diagonales que vértices.
d) Un polígono puede tener más lados que ángulos.
e) Un polígono puede tener más lados que diagonales.

Figuras planas

2. Indica el nombre de estos polígonos:

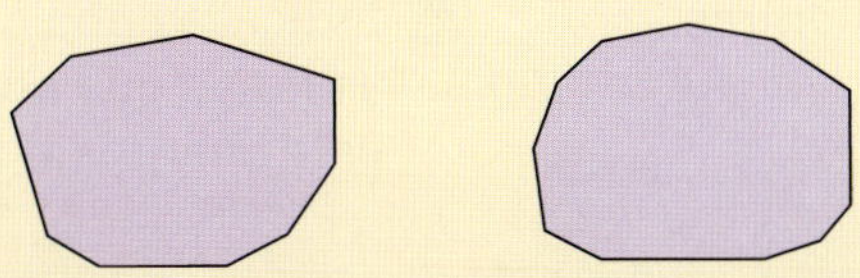

Ejes de simetría de un polígono

3. Completa el polígono si la línea roja es un eje de simetría.

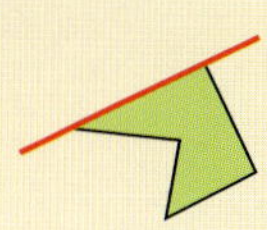

PLAN DE TRABAJO

En esta unidad aprenderás a...

- Reconocer posiciones de rectas y planos.
- Distinguir los elementos de los poliedros y los cuerpos de revolución.
- Calcular el número de caras, aristas y vértices de poliedros.
- Determinar cuerpos de revolución a partir de una figura plana.
- Obtener el desarrollo plano de poliedros y cuerpos de revolución.

1 Posiciones relativas de planos y rectas en el espacio

Los **planos** son superficies sin aristas ni ondulaciones. No tienen grosor y son ilimitados, no tienen principio ni final.

1.1 Posiciones relativas de dos planos

Dos **planos** pueden ser:

- **Paralelos** si no tienen ningún punto en común.
- **Secantes** si se cortan en una recta.

EJEMPLO

1 Pon ejemplos de planos paralelos y secantes.

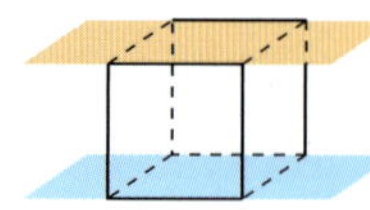

Los planos que pasan por dos caras opuestas en un cubo son **paralelos**.

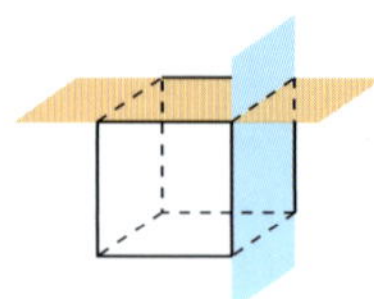

Los planos que pasan por dos caras contiguas de un cubo son **secantes**.

1.2 Posiciones relativas de dos rectas

Diremos que dos **rectas** en el espacio:

- Son **paralelas** si están en el mismo plano y no tienen puntos comunes.
- Son **secantes** si están en el mismo plano y tienen un punto común.
- Se **cruzan** si están en planos distintos y no tienen puntos comunes.

DATE CUENTA

Los planos, por ser ilimitados, no se pueden dibujar enteros, por lo que dibujamos una parte, que se suele representar con forma de paralelogramo.

EJEMPLO

2 Pon ejemplos de rectas paralelas, secantes y que se cruzan.

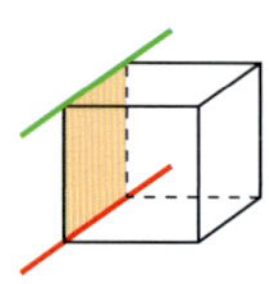

Paralelas

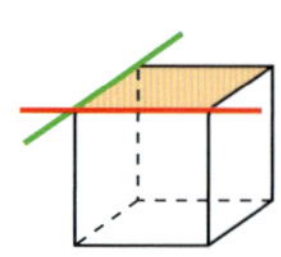

Secantes

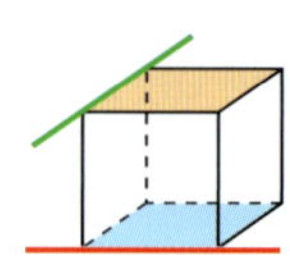

Se cruzan

EJERCICIOS

PRACTICA

1 Observa la habitación donde te encuentras, e indica elementos que sugieren:

a) Planos paralelos.
b) Planos secantes.
c) Rectas paralelas.
d) Rectas secantes.
e) Rectas que se cruzan.

APLICA

2 Indica las posiciones de rectas y planos que observes en este cuerpo geométrico:

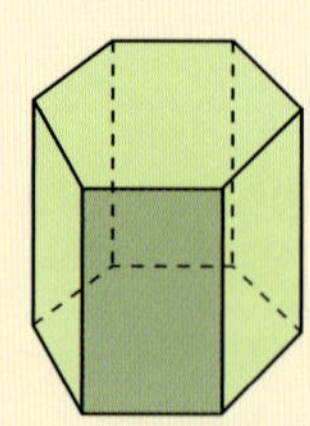

REFLEXIONA

3 Dos rectas secantes, ¿están siempre en el mismo plano?

2 Poliedros

Un **poliedro** es un cuerpo geométrico limitado por caras en forma de polígonos.

2.1 Elementos de un poliedro

Los elementos de un poliedro son:

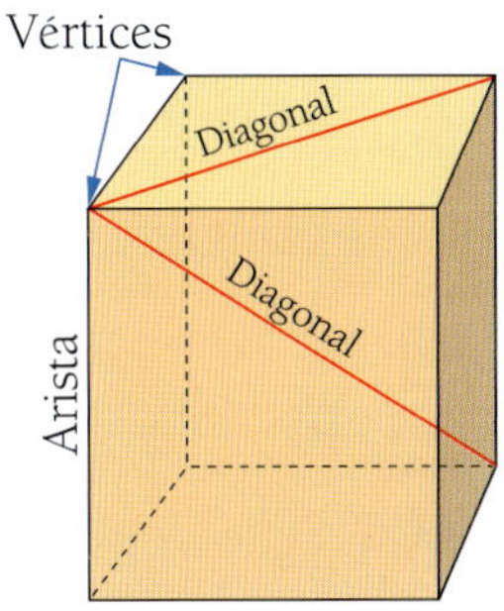

- **Caras:** son los polígonos que limitan el poliedro.
- **Aristas:** son los lados de las caras.
- **Vértices:** son los puntos comunes de las aristas.
- **Diagonal:** es el segmento que une dos vértices no consecutivos del poliedro. Puede trazarse en una misma cara o entre distintas caras.
- **Ángulo diedro:** es el ángulo formado por dos caras.
- **Ángulo poliedro:** es el ángulo formado por tres o más caras, con un punto en común, el vértice.

Ángulo diedro

En un libro abierto, dos de sus páginas determinan un ángulo diedro.

Ángulo poliedro

Las pirámides tienen, en su punta, un ángulo poliedro formado por sus caras.

2.2 Desarrollo plano de un poliedro

El **desarrollo plano** de un poliedro es la superficie que resulta al extenderlo sobre un plano.

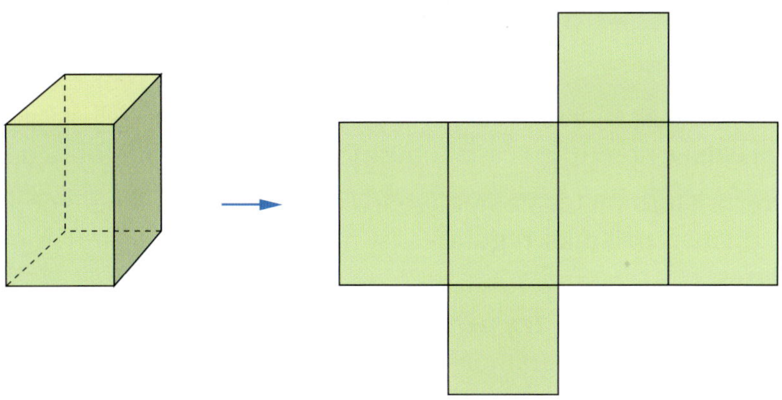

EJERCICIOS

PRACTICA

4 Nombra y dibuja los elementos de estos poliedros.

a)

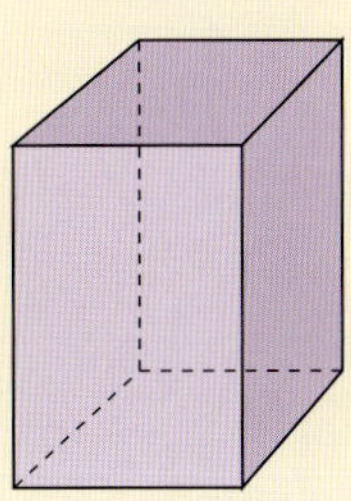

b)

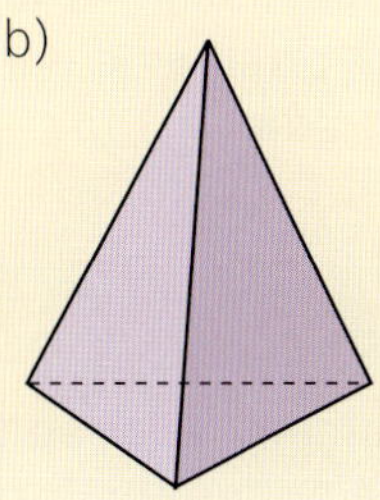

APLICA

5 Cuenta el número de vértices, caras y aristas del poliedro.

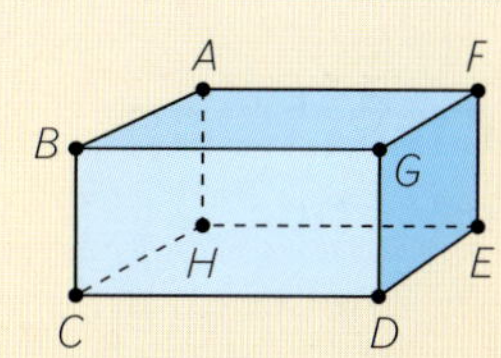

REFLEXIONA

6 Dibuja el desarrollo plano del poliedro.

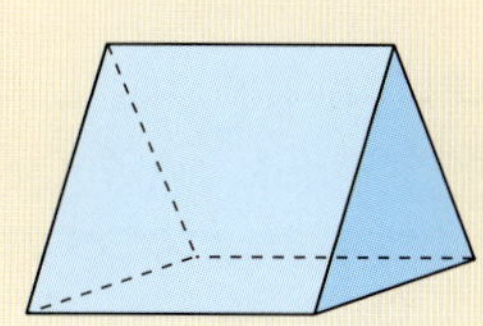

3 Prismas

Un **prisma** es un poliedro con dos caras iguales y paralelas entre sí y cuyas caras restantes son paralelogramos.

3.1 Elementos de un prisma

Los elementos de un prisma son:

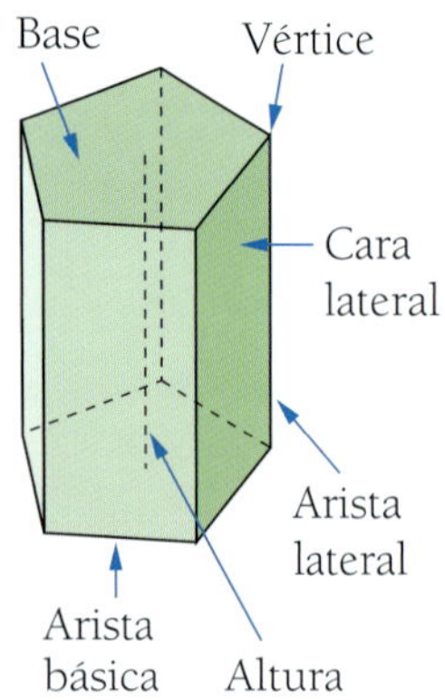

- **Bases** o **caras básicas:** son dos polígonos iguales situados en planos paralelos.
- **Caras laterales:** son paralelogramos.
- **Aristas básicas:** son los lados de los polígonos de las bases.
- **Aristas laterales:** son los lados de las caras laterales.
- **Vértices:** son los puntos en los que se cortan las aristas.
- **Altura** de un prisma: es la distancia entre las bases.

Desarrollo plano de un prisma hexagonal

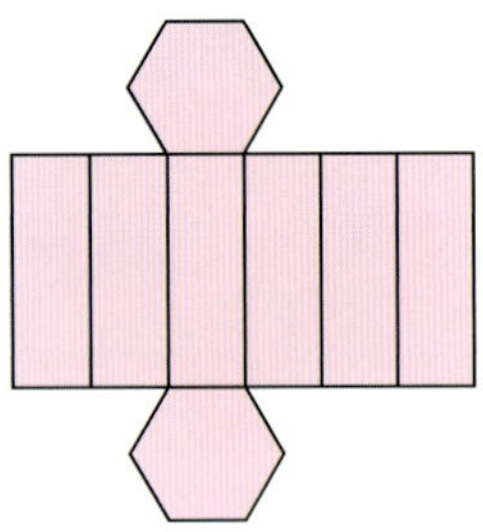

3.2 Tipos de prismas

Para clasificar los prismas nos fijamos en los polígonos de las bases.

Prisma triangular

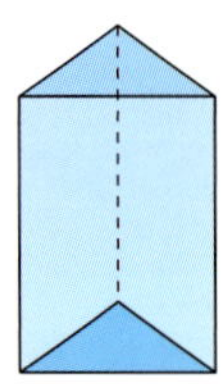

Prisma cuadrangular

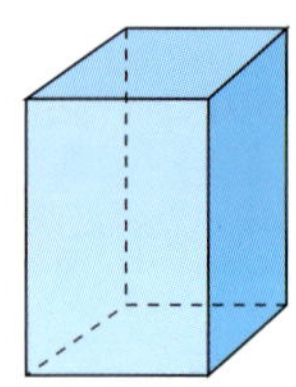

Prisma pentagonal

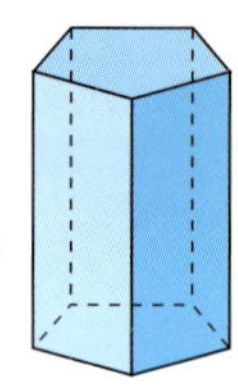

Cuando las aristas laterales son perpendiculares a las aristas básicas se dice que el **prisma** es **recto**; en caso contrario, se llama **prisma oblicuo**.

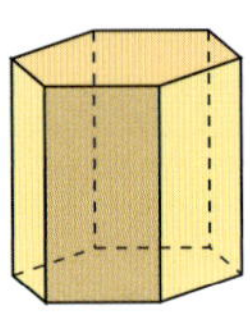

Prisma hexagonal recto

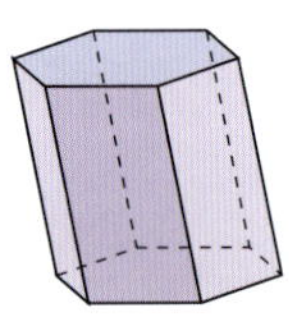

Prisma hexagonal oblicuo

Si, en los prismas rectos, los polígonos de las bases son polígonos regulares, se llaman **prismas regulares**; si no lo son, se denominan **prismas irregulares**.

Un tipo de prismas muy frecuente es aquel cuyas caras son todas paralelogramos. Estos prismas se llaman **paralelepípedos**.

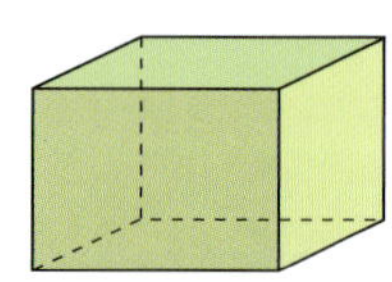

EJERCICIOS

PRACTICA

7 Dibuja un prisma recto de base rectangular y un prisma oblicuo de base triangular.

APLICA

8 Calcula el número de vértices, aristas y caras de un prisma cuya base es un hexágono.

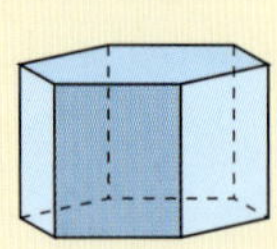

9 Dibuja el desarrollo plano de un prisma de base cuadrada.

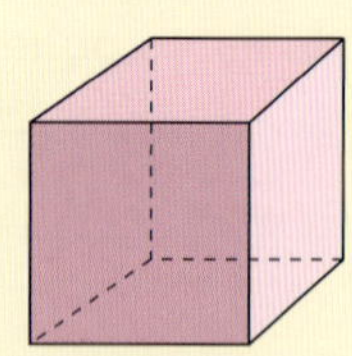

REFLEXIONA

10 El número de aristas de un prisma es 15. ¿Qué polígonos forman las bases?

4 Pirámides

Una **pirámide** es un poliedro en el que una de sus caras es un polígono cualquiera y el resto son triángulos que concurren en un punto.

4.1 Elementos de una pirámide

Los elementos de una pirámide son:

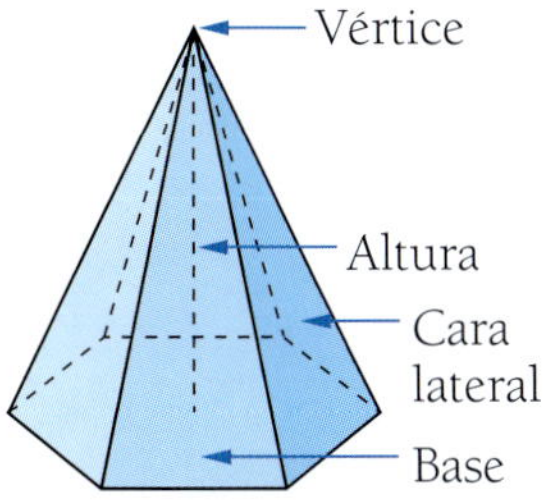

- **Base:** es un polígono cualquiera.
- **Caras laterales:** son triángulos que concurren en un punto llamado **vértice** de la pirámide.
- **Aristas básicas** y **aristas laterales:** son las aristas de la base y de las caras laterales, respectivamente.
- **Altura** de la pirámide: es el segmento perpendicular trazado desde el vértice a la base.

Desarrollo plano de una pirámide hexagonal

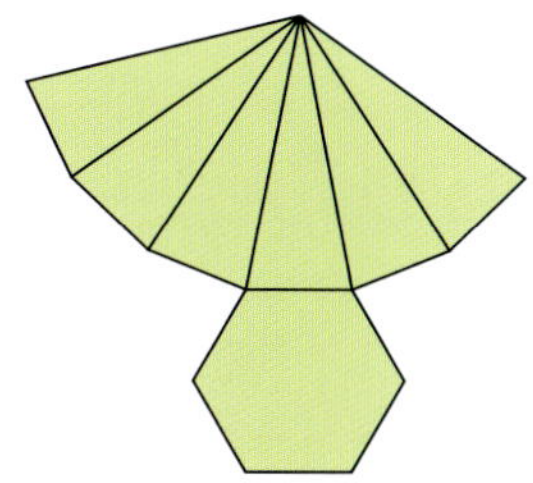

4.2 Tipos de pirámides

Como en los prismas, para clasificar las pirámides nos fijamos en el polígono de la base. Una pirámide es **recta** si todas sus caras laterales son triángulos isósceles. Si no es así, decimos que es **oblicua**.

Pirámide triangular oblicua

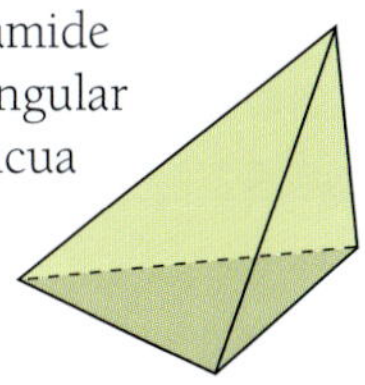

Pirámide hexagonal recta

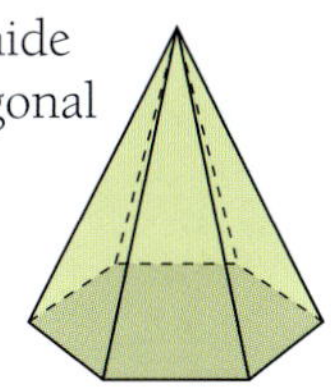

Pirámide pentagonal recta

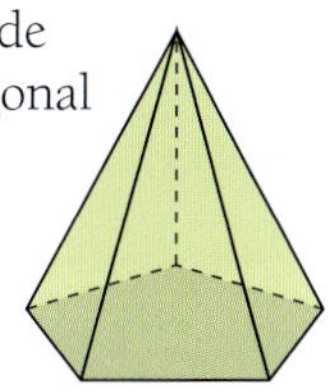

Una **pirámide** es **regular** si es recta y tiene por base un polígono regular. Si no cumple estas condiciones, se denomina **irregular**.

Se llama **apotema** de una pirámide regular a la altura de cualquiera de sus caras laterales.

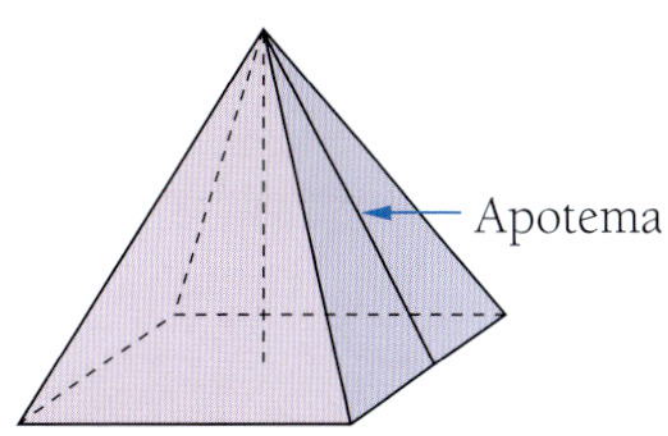

EJERCICIOS

PRACTICA

11 Dibuja una pirámide hexagonal regular y una pirámide irregular de base triangular. ¿Cuántas aristas, vértices y caras tienen?

APLICA

12 Averigua el polígono que forma la base de una pirámide en los siguientes casos.

a) Si tiene 8 aristas y 5 vértices.

b) Si tiene 5 caras laterales y 6 vértices.

c) Si tiene 10 aristas.

13 ¿Qué pirámide tiene todas sus caras iguales? Dibuja su desarrollo plano.

REFLEXIONA

14 ¿Cuáles de estas figuras son el desarrollo de una pirámide?

a)

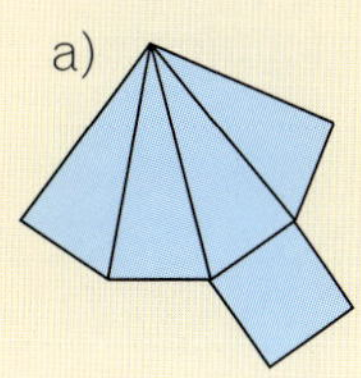

b)

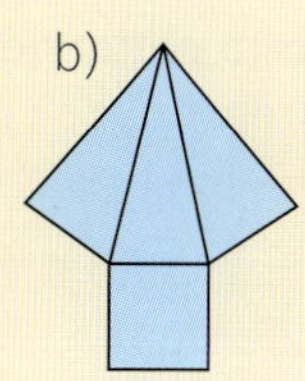

c)

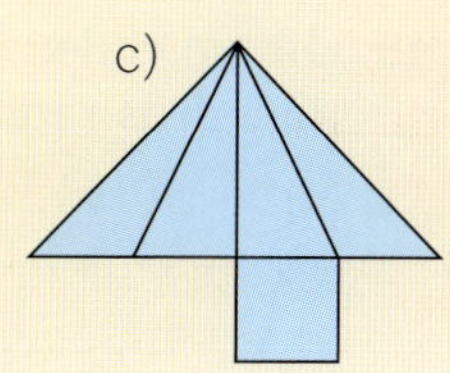

5 Poliedros regulares

Un **poliedro** es **regular** cuando cumple las siguientes condiciones:

- Todas sus caras son polígonos regulares, iguales en forma y tamaño.
- En cada vértice concurre el mismo número de aristas.

5.1 Tipos de poliedros regulares

Solo existen cinco poliedros regulares.

Tetraedro

Tiene 4 caras, que son triángulos equiláteros.

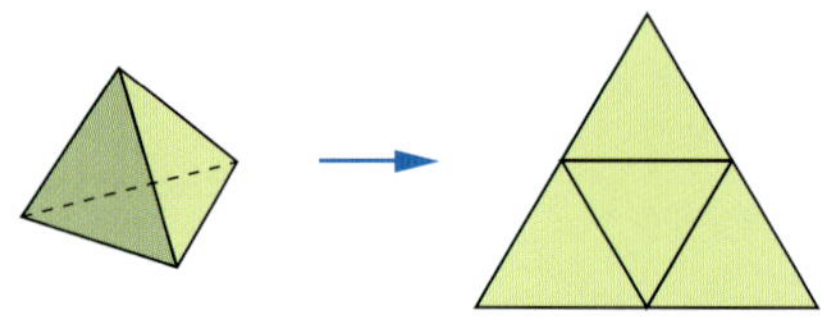

Cubo

Tiene 6 caras, que son cuadrados.

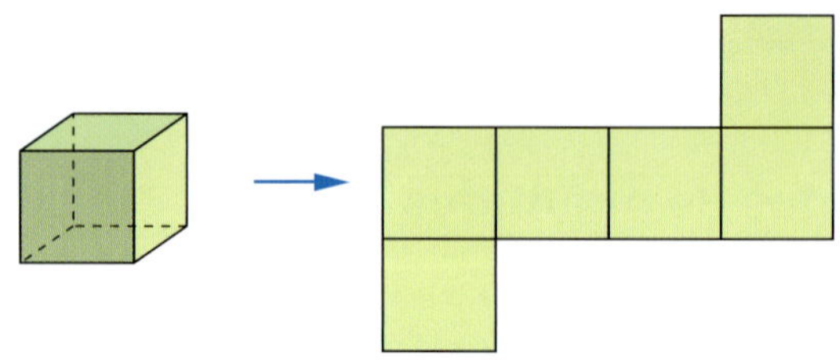

Octaedro

Tiene 8 caras, que son triángulos equiláteros.

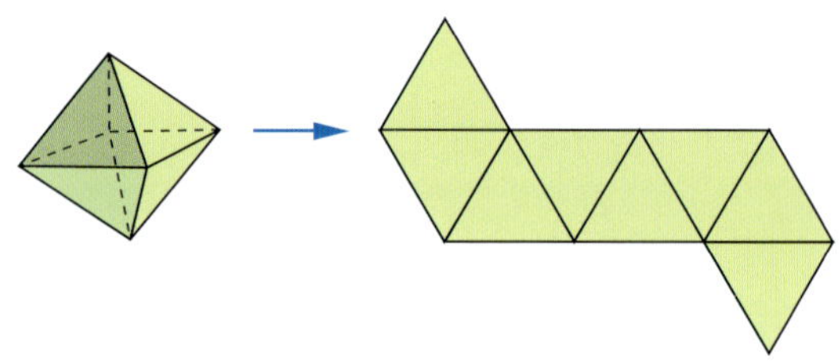

Dodecaedro

Tiene 12 caras, que son pentágonos regulares.

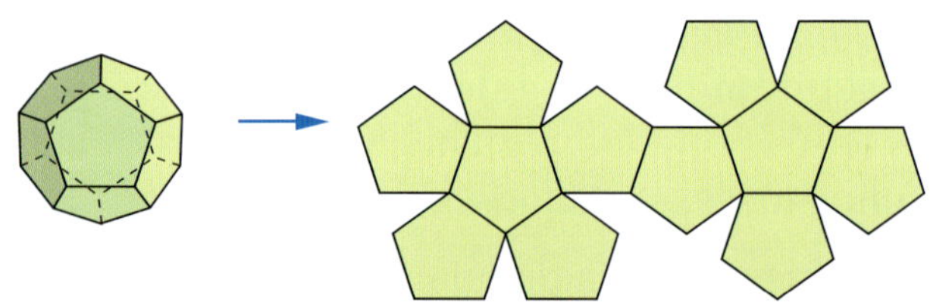

Icosaedro

Tiene 20 caras, que son triángulos equiláteros.

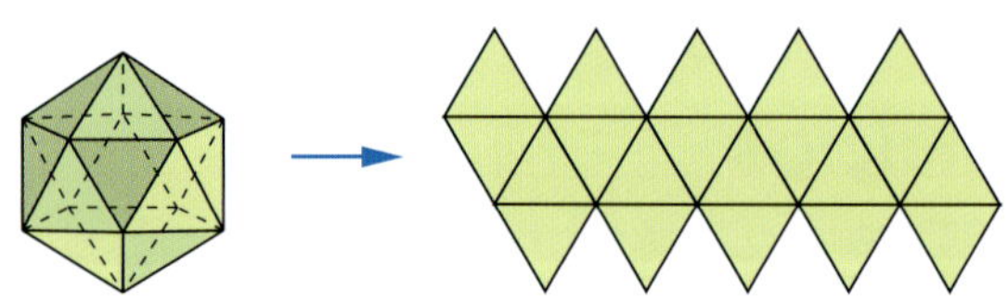

EJERCICIOS

PRACTICA

15 Dibuja el desarrollo plano de los siguientes poliedros regulares.

a) Un tetraedro de lado 3 cm.
b) Un octaedro de lado 2 cm.
c) Un cubo de lado 4 cm.

APLICA

16 ¿Cómo son las aristas de un poliedro regular?

REFLEXIONA

17 ¿Puede existir un poliedro regular con 6 triángulos equiláteros en cada vértice?

5.2 Fórmula de Euler

En los poliedros regulares y, en general, en la mayoría de los poliedros, se cumple la siguiente relación:

$$\text{N.º de caras} + \text{N.º de vértices} = \text{N.º de aristas} + 2$$

En la mayoría de los polígonos, si llamamos C al número de caras de un poliedro, V a su número de vértices y A a su número de aristas, se cumple que:

$$C + V = A + 2 \rightarrow \textbf{Fórmula de Euler}$$

EJEMPLOS

3 Comprueba que la fórmula de Euler se cumple para el cubo y el octaedro.

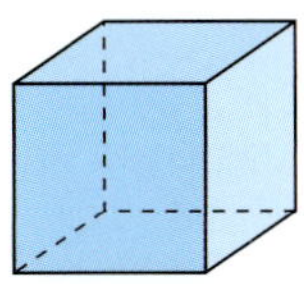

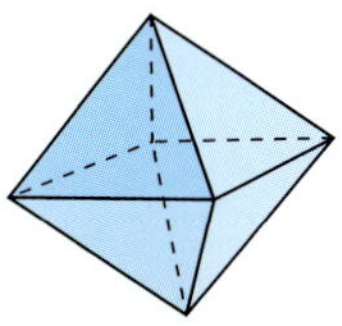

Poliedro	N.º de caras	N.º de vértices	N.º de aristas	$C + V$	$A + 2$
Cubo	6	8	12	$6 + 8 = 14$	$12 + 2 = 14$
Octaedro	8	6	12	$8 + 6 = 14$	$12 + 2 = 14$

En ambos casos se cumple la fórmula de Euler, $C + V = A + 2$.

4 Comprueba si se cumple la fórmula de Euler en este poliedro:

N.º de caras	N.º de vértices	N.º de aristas	$C + V$	$A + 2$
10	7	15	$10 + 7 = 17$	$15 + 2 = 17$

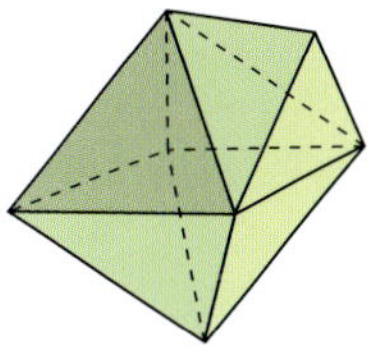

Este poliedro cumple la fórmula de Euler, $C + V = A + 2$.

EJERCICIOS

PRACTICA

18 Comprueba que se cumple la fórmula de Euler.

Poliedro	N.º de caras	N.º de vértices	N.º de aristas	$C+V$	$A+2$
Tetraedro					
Octaedro					
Dodecaedro					
Icosaedro					

APLICA

19 Determina si este poliedro cumple la fórmula de Euler.

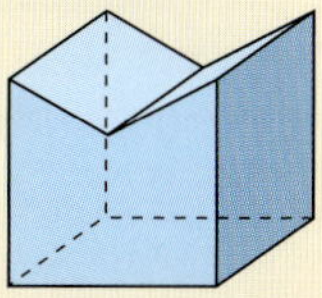

REFLEXIONA

20 Un poliedro que cumpla la fórmula de Euler, ¿puede tener el mismo número de caras y de aristas?

6 Cuerpos de revolución

Un **cuerpo de revolución** es un cuerpo geométrico obtenido a partir de una figura plana que gira alrededor de un eje.

6.1 Cilindro

Un **cilindro** es un cuerpo geométrico engendrado por el giro de un rectángulo alrededor de uno de sus lados.

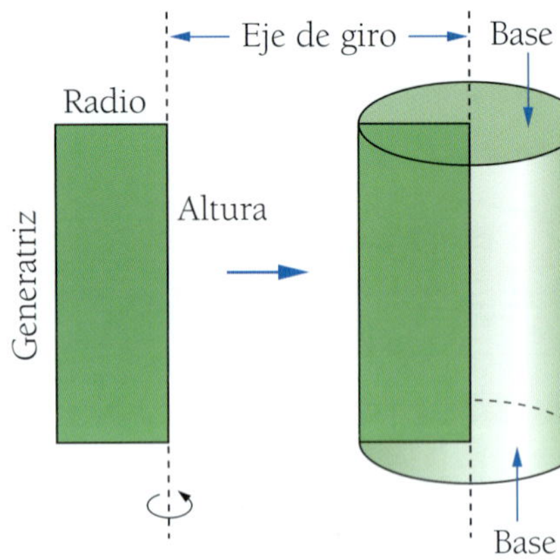

Elementos del cilindro

- **Eje:** es la recta determinada por el lado sobre el que gira el rectángulo que genera el cilindro.
- **Altura:** es la longitud del lado sobre el que gira el rectángulo.
- **Generatriz:** es el lado del rectángulo opuesto al eje.
- **Bases:** son dos círculos iguales y paralelos que se generan al girar los lados perpendiculares al eje.
- **Radio:** es el radio de las bases, es decir, la longitud de los lados perpendiculares al eje.

Desarrollo plano del cilindro

El desarrollo de un cilindro está formado por un rectángulo y dos círculos iguales que constituyen las bases:

- La base del rectángulo es la longitud de la circunferencia de la base.
- La altura del rectángulo es la generatriz del cilindro.

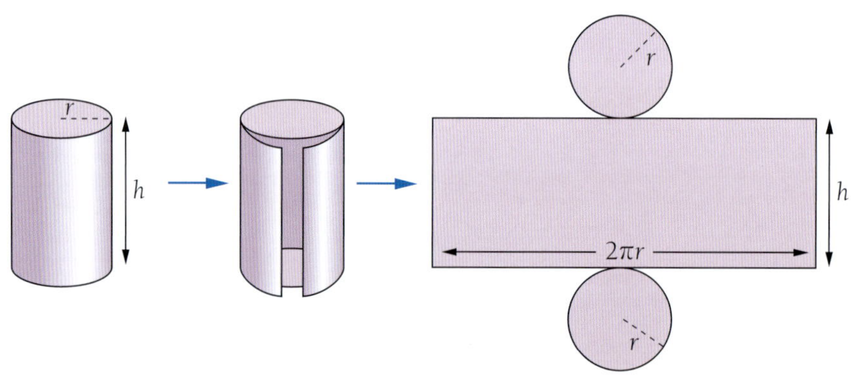

EJERCICIOS

PRACTICA

21 Dibuja el desarrollo de un cilindro que tiene 2 cm de radio y 7 cm de altura.

APLICA

22 El cartón de un rollo de papel tiene un diámetro de 4,6 cm y una altura de 9,7 cm. ¿Qué dimensiones tiene el desarrollo plano del cartón?

REFLEXIONA

23 Dibuja el cuerpo de revolución que forma esta figura al girar sobre su eje.

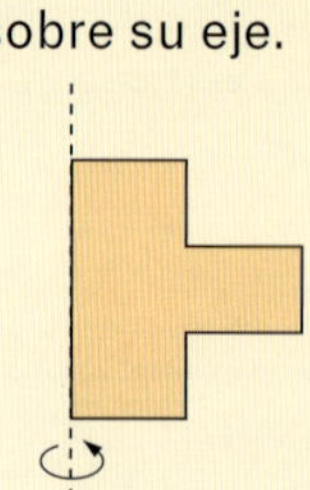

6.2 Cono

Un **cono** es un cuerpo geométrico engendrado por el giro de un triángulo rectángulo alrededor de uno de sus catetos.

Elementos del cono

- **Eje:** es la recta determinada por el cateto sobre el que gira el triángulo.
- **Altura:** es la longitud del cateto sobre el que gira el triángulo.
- **Generatriz:** es la hipotenusa del triángulo.
- **Base:** es el círculo que se genera al girar el cateto perpendicular al eje.
- **Radio:** es el radio de la base, es decir, la longitud del cateto perpendicular al eje.

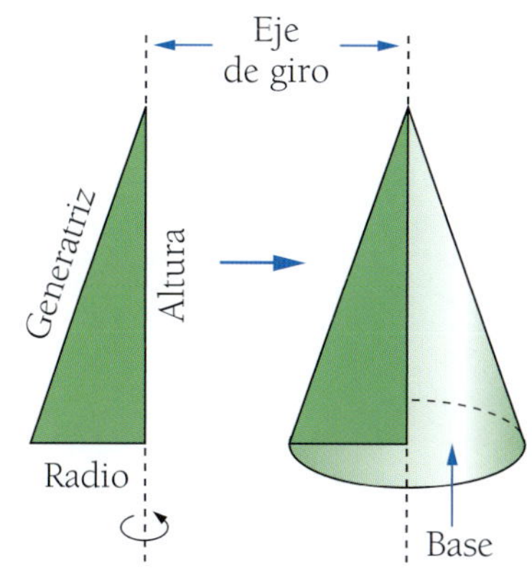

Desarrollo plano del cono

El desarrollo de un cono está formado por un sector circular y un círculo:

- La longitud del arco del sector es $2\pi r$ (siendo r el radio del cono).
- El radio del sector circular es la generatriz.

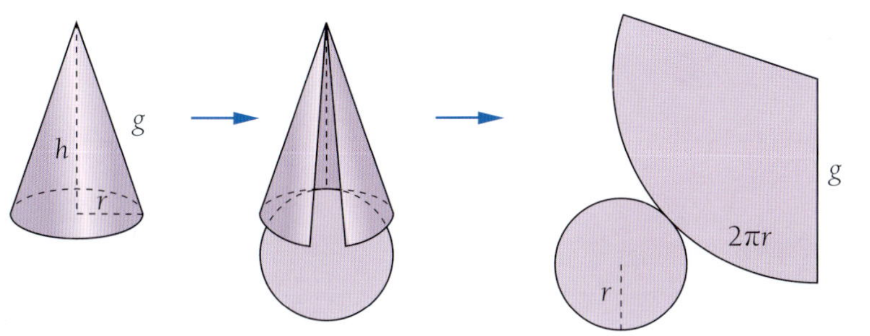

6.3 Esfera

Una **esfera** es un cuerpo de revolución engendrado por un semicírculo que gira sobre su diámetro.

Elementos de la esfera

- **Eje:** es la recta determinada por el diámetro sobre el que gira el semicírculo.
- **Centro:** es el centro del semicírculo.
- **Radio:** es el radio del semicírculo.

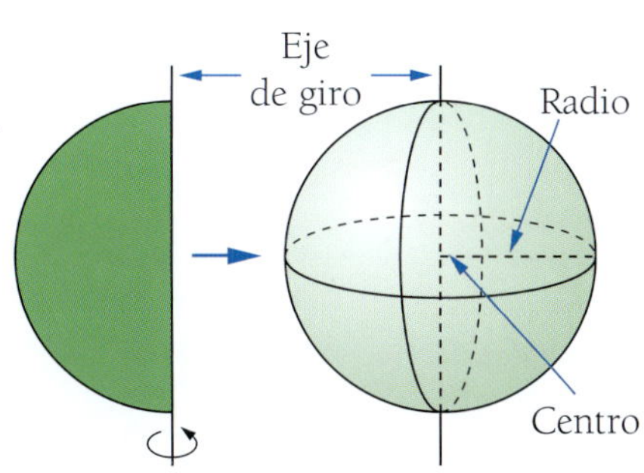

EJERCICIOS

PRACTICA

24 Dibuja el desarrollo de un cono con radio de la base 9 cm y generatriz 55 cm.

APLICA

25 Calcula la altura de un cono si la generatriz mide 13 cm y el radio de la base 5 cm.

REFLEXIONA

26 En el triángulo *MNH* que engendra el cono, $\overline{MN} = 8$ cm y $\overline{NH} = 6$ cm.

¿Cuánto mide la generatriz *MH*?

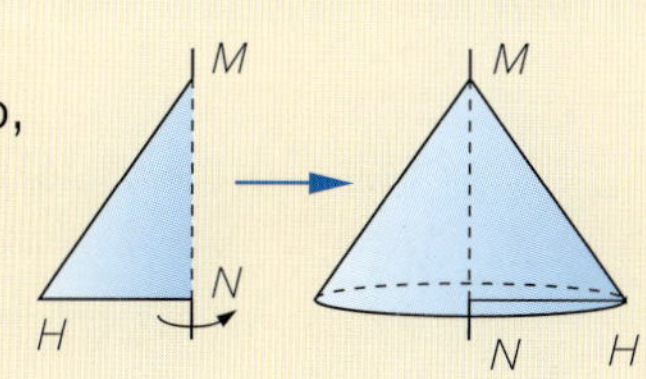

Lo esencial

COMPRENDE ESTAS PALABRAS

Posiciones relativas de planos

Posiciones relativas de rectas

Prisma

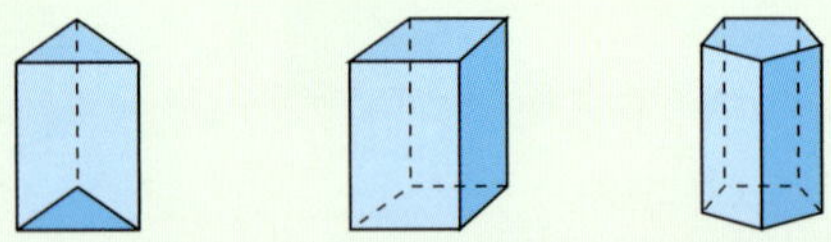

Pirámide

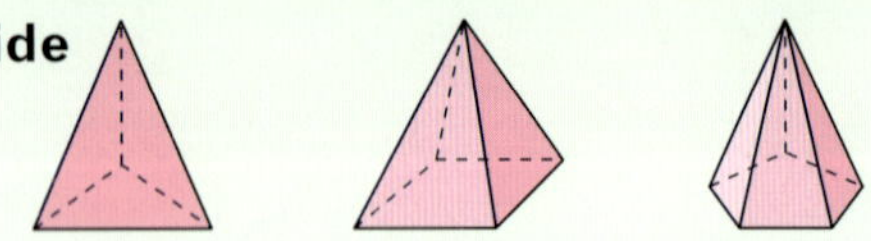

Poliedros regulares

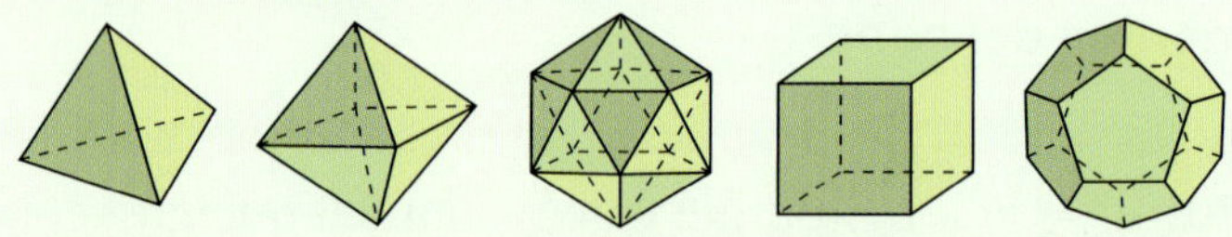

Cilindro

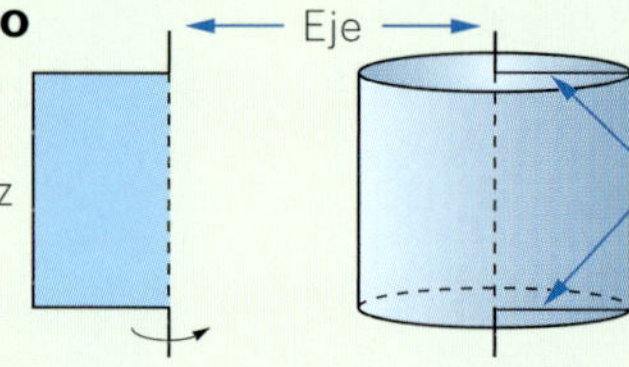

Cono

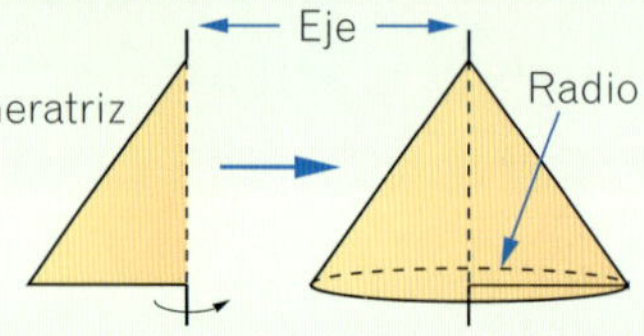

Esfera

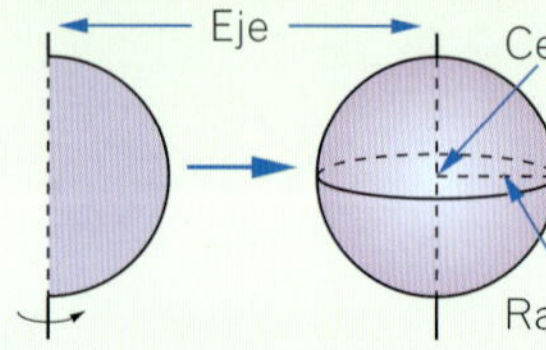

HAZLO DE ESTA MANERA

1. CALCULAR EL NÚMERO DE CARAS, ARISTAS Y VÉRTICES DE PRISMAS Y PIRÁMIDES

Calcula el número de caras, aristas y vértices de estos poliedros.

a) 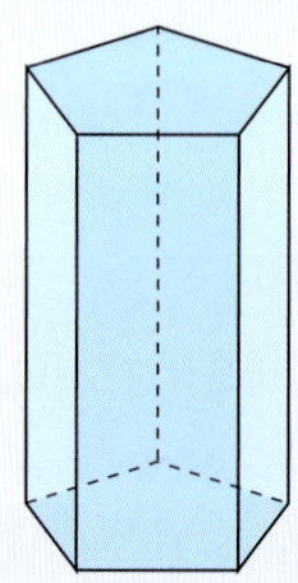

b) 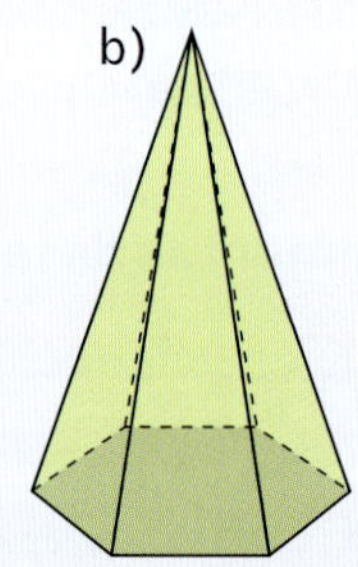

PRIMERO. Contamos las caras, aristas y vértices de las bases del poliedro.

a) Bases: dos pentágonos → $\begin{cases} 2 \text{ caras} \\ 2 \cdot 5 = 10 \text{ aristas} \\ 2 \cdot 5 = 10 \text{ vértices} \end{cases}$

b) Base: un hexágono ⟶ $\begin{cases} 1 \text{ cara} \\ 6 \text{ aristas} \\ 6 \text{ vértices} \end{cases}$

SEGUNDO. El número de caras laterales es igual que el de lados de la base. El número de aristas es el mismo que el de vértices de la base, y solo en el caso de la pirámide hay que añadir un vértice más, el vértice de la pirámide.

a) Prisma pentagonal → $\begin{cases} 5 \text{ caras} \\ 5 \text{ aristas} \end{cases}$

b) Pirámide hexagonal → $\begin{cases} 6 \text{ caras} \\ 6 \text{ aristas} \\ 1 \text{ vértice} \end{cases}$

TERCERO. Sumamos el número de caras, aristas y vértices obtenido en los pasos anteriores.

a) Caras $= 2 + 5 = 7$
Aristas $= 10 + 5 = 15$
Vértices $= 10$

b) Caras $= 1 + 6 = 7$
Aristas $= 6 + 6 = 12$
Vértices $= 6 + 1 = 7$

2. DETERMINAR EL CUERPO DE REVOLUCIÓN QUE GENERA UNA FIGURA PLANA

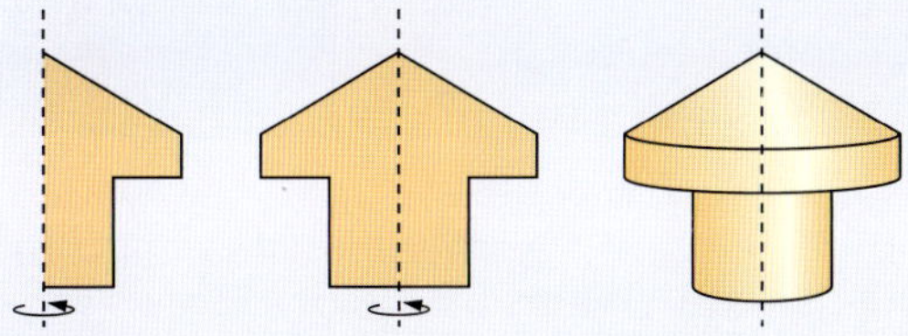

Halla el cuerpo de revolución que genera esta figura al girar alrededor de su eje.

PRIMERO. Dibujamos una figura simétrica respecto del eje.

SEGUNDO. Damos volumen a esa figura, teniendo en cuenta que en la superficie lateral de la figura no hay polígonos.

3. OBTENER EL DESARROLLO PLANO DE PRISMAS Y PIRÁMIDES

Dibuja el desarrollo plano de estos poliedros.

a) b)

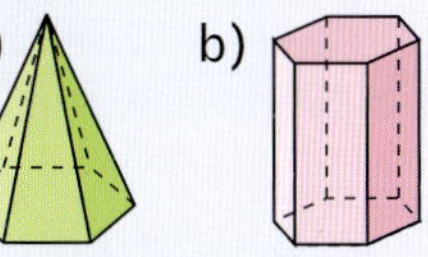

PRIMERO. Dibujamos la base.

SEGUNDO. Dibujamos una de las caras laterales pegada a la base y el resto de caras unidas a ella.

- Si es una pirámide, las bases de las caras laterales no pueden formar una línea recta.
- Si es un prisma, dibujamos la segunda base sobre una de las caras laterales.

a)

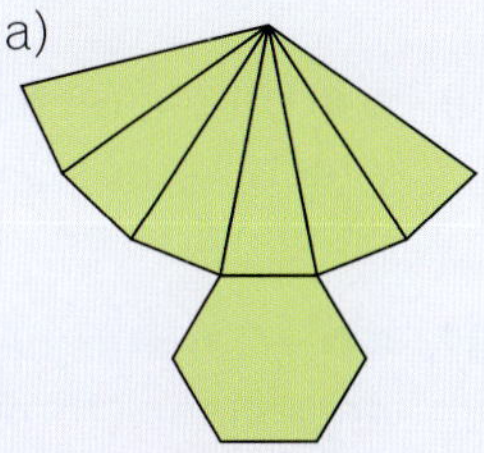

b)

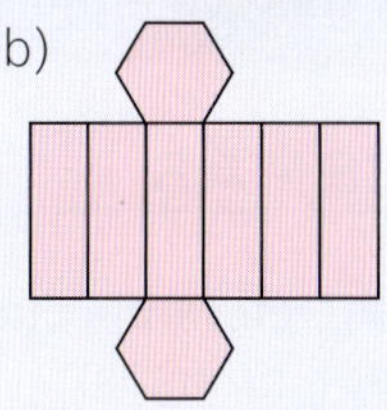

4. OBTENER EL DESARROLLO PLANO DE CILINDROS Y CONOS

Dibuja el desarrollo plano de estos cuerpos.

a) b)

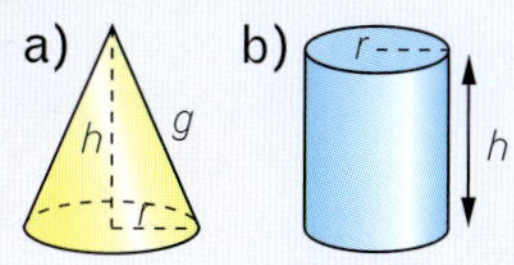

PRIMERO. Dibujamos el círculo de la base.

SEGUNDO. Dibujamos la superficie lateral unida a la base.

- Si es un cilindro, será un rectángulo cuyo lado unido a la base tiene una longitud de $2\pi r$.
- Si es un cono, será un sector circular de longitud $2\pi r$.

TERCERO. En el cilindro dibujamos la segunda base sobre el rectángulo.

a)

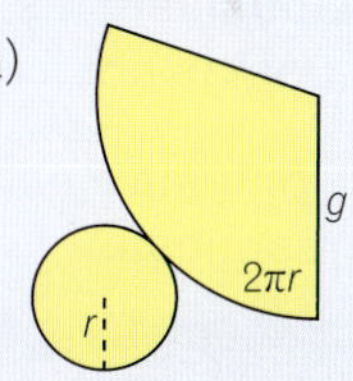

b)

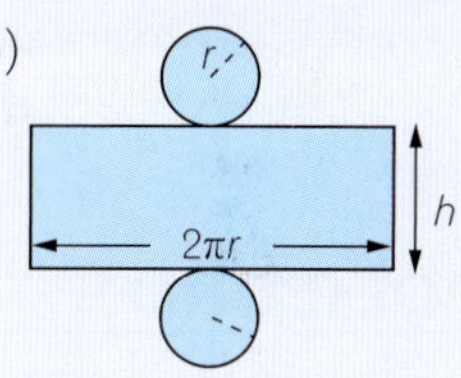

Y AHORA... PRACTICA

Comprende estas palabras

1. Si dos rectas son paralelas en el plano, ¿son necesariamente paralelas en el espacio?

Calcular el número de caras, aristas y vértices de prismas y pirámides

2. Determina el número de caras aristas y vértices de este poliedro:

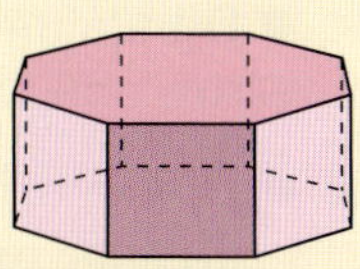

Determinar el cuerpo de revolución que genera una figura plana

3. Dibuja el cuerpo de revolución que determina esta figura al girar sobre su eje.

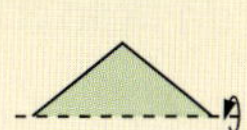

Obtener el desarrollo plano de prismas y pirámides

4. Indica cuál de estos desarrollos planos corresponde a una pirámide.

a) b)

Obtener el desarrollo plano de cilindros y conos

5. Indica cuál de estos desarrollos planos corresponde a un cilindro.

a) b)

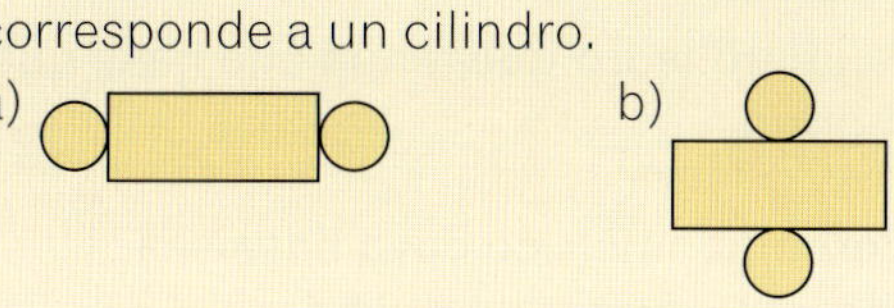

Actividades

POSICIONES DE PLANOS Y RECTAS

27. ● Considera las aristas de un cubo como rectas ilimitadas. ¿Cuántas posiciones hay?

a) De rectas paralelas.
b) De rectas secantes.
c) De rectas que se cruzan.

28. ● Indica las posiciones de rectas y planos que encuentres en este cuerpo geométrico:

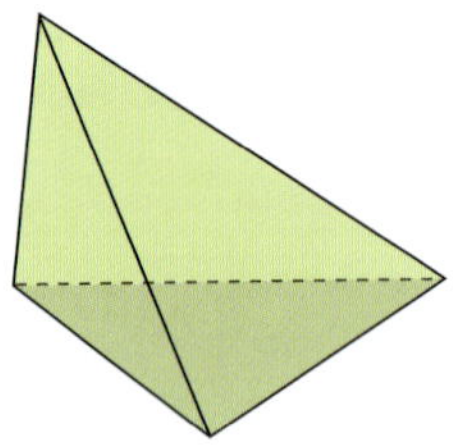

29. ● Considera las caras de un cubo como planos. ¿Cuántas posiciones de planos paralelos habrá?

30. ● Contesta a estas preguntas y justifica tu respuesta.

a) ¿Cuántas rectas pasan por un punto en el espacio?
b) ¿Cuántos planos contienen a una recta en el espacio?

POLIEDROS

31. ● Determina cuáles de estos cuerpos geométricos son poliedros.

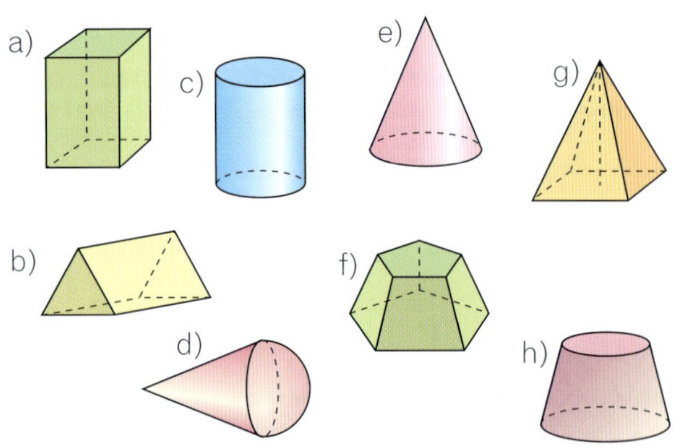

32. ● Dibuja un poliedro que tenga una base que sea un pentágono.

33. ● Un cuerpo geométrico cuya base sea un círculo, ¿puede ser un poliedro?

34. ●● Observa la figura y contesta a las siguientes cuestiones.

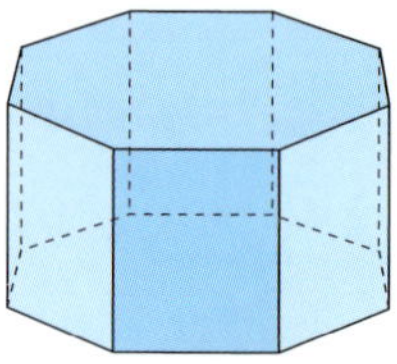

a) ¿Cuantos vértices, aristas y caras existen?
b) Señala las aristas que forman parte de rectas paralelas y las caras que generan planos paralelos.
c) Indica las rectas secantes y los planos secantes.

35. ●● Justifica si es verdadero o falso.

a) Un poliedro puede tener el mismo número de vértices y de aristas.
b) Un poliedro puede tener igual número de caras que de aristas.
c) Un poliedro puede tener el mismo número de caras y de vértices.

36. ●● Dibuja un poliedro con hexágonos y rectángulos. ¿Cuántas caras se unen en un vértice?

37. ●● ¿Cuántas caras, aristas y vértices tiene un poliedro formado por dos triángulos y tres rectángulos?

PRISMAS

38. ● Determina cuáles de estos poliedros son prismas.

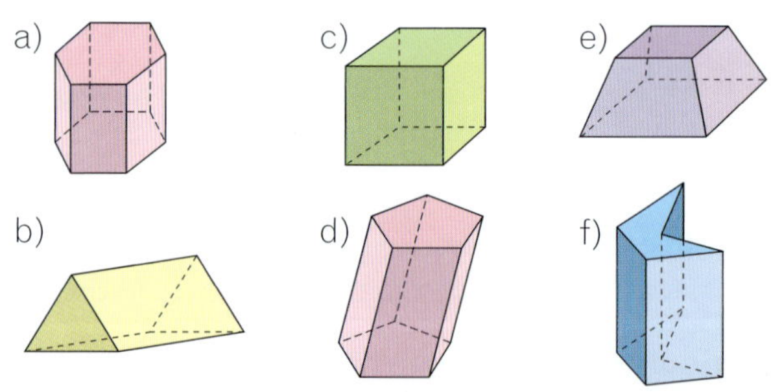

39. ● Dibuja un prisma recto de base triangular y otro oblicuo con la misma base.

40. ● Dibuja el desarrollo de un prisma triangular cuya base es un triángulo equilátero de lado 4 cm.

41. ● Dibuja el desarrollo plano de un cubo de lado 3 cm.

42. ● Calcula el número de vértices, aristas y caras de un prisma cuyas bases son octógonos.

HAZLO ASÍ

¿CÓMO SE DETERMINAN LOS POLÍGONOS QUE FORMAN LAS BASES DE UN PRISMA, SABIENDO SU NÚMERO DE CARAS, ARISTAS O VÉRTICES?

43. Determina, en cada caso, los polígonos que forman la base de los siguientes prismas.

a) Número de vértices = 10

b) Número de caras = 9

c) Número de aristas = 18

PRIMERO. Se analiza el número de vértices, caras y aristas.

- El número total de vértices es el de las dos bases.

  a) Cada base tiene: $\frac{10}{2} = 5$ vértices

- El número total de caras corresponde a las caras laterales más las dos bases.

  b) Número de caras laterales: $9 - 2 = 7$

- El número total de aristas es el de las dos bases más el de las caras laterales, que es igual al de las bases.

  c) La base tiene: $\frac{18}{3} = 6$ aristas

SEGUNDO. Se estudia el resultado.

N.º de vértices de la base = N.º de caras laterales = = N.º de aristas de la base

a) N.º de vértices de la base = 5 → Pentágono

b) N.º de caras laterales = 7 ⟶ Heptágono

c) N.º de aristas de la base = 6 ⟶ Hexágono

44. ●● ¿Qué polígonos forman las bases de estos prismas?

a) Número de aristas: 21

b) Número de vértices: 20

c) Número de caras: 18

45. ● Sabiendo que el número de vértices de un prisma es 20, ¿cuántas caras tiene?

46. ● Un prisma tiene 10 vértices. ¿Puedes indicar cómo son los polígonos de las bases? Si es posible, hazlo.

47. ●● Calcula la superficie de metal necesario para construir esta caja con forma de prisma regular hexagonal.

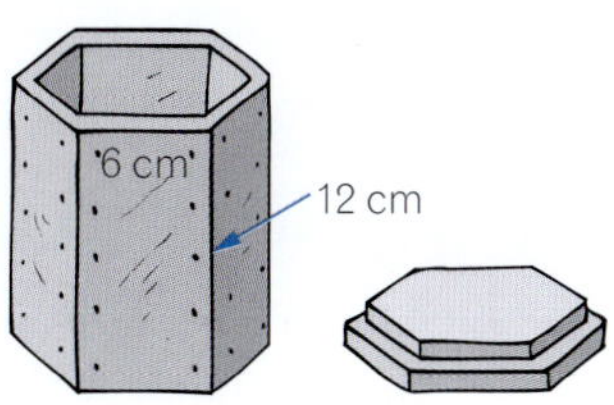

PIRÁMIDES

48. ● Determina cuáles de estos poliedros son pirámides.

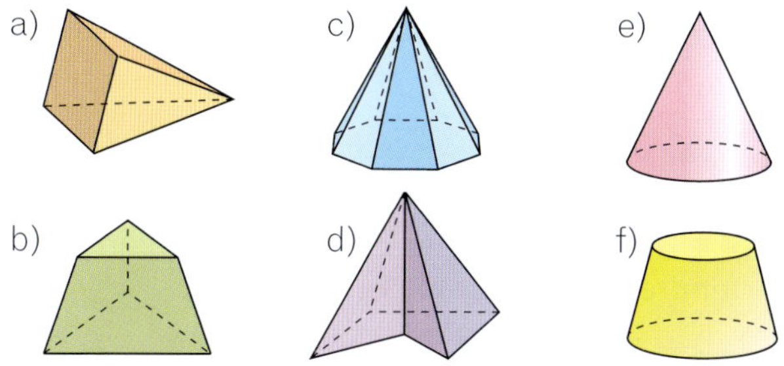

49. ● Dibuja una pirámide recta de base cuadrangular y otra oblicua con la misma base.

50. ● Dibuja los desarrollos planos de una pirámide recta de base cuadrangular y de otra de base hexagonal.

HAZLO ASÍ

¿CÓMO SE DETERMINA EL POLÍGONO QUE FORMA LA BASE DE UNA PIRÁMIDE, SABIENDO SU NÚMERO DE CARAS, ARISTAS O VÉRTICES?

51. Determina, en cada caso, el polígono que forma la base de las siguientes pirámides.

a) Número de vértices = 10

b) Número de caras = 9

c) Número de aristas = 18

PRIMERO. Se analiza el número de vértices, caras y aristas.

- El número total de vértices es el de la base más uno.

  a) Número de vértices de la base: $10 - 1 = 9$

- El número total de caras es el de las caras laterales más uno.

  b) Número de caras laterales: $9 - 1 = 8$

- El número total de aristas es el de la base más el de las caras laterales, que es el mismo.

  c) La base tiene: $\frac{18}{2} = 9$ aristas

SEGUNDO. Se estudia el resultado.

N.º de vértices de la base = N.º de caras laterales = = N.º de aristas de la base

a) N.º de vértices de la base = 9 → Eneágono

b) N.º de caras laterales = 8 ⟶ Octógono

c) N.º de aristas de la base = 9 ⟶ Eneágono

52. ●● Averigua el polígono que forma la base de una pirámide en los siguientes casos.

a) 12 aristas y 7 vértices.
b) 8 caras laterales.
c) 8 aristas y 5 vértices.
d) 9 caras laterales y 10 vértices.
e) 20 aristas.
f) 13 vértices.
g) 10 caras laterales.
h) 13 caras en total y 24 aristas.

53. ●● Una pirámide tiene 7 vértices. ¿Cuántos lados tendrá el polígono de la base?

54. ●● Entre los poliedros regulares, ¿hay alguna pirámide regular?

55. ●● Sabiendo que el número de vértices de una pirámide es 11 y el número de aristas es 20, ¿cuántas caras tiene en total?

56. ●● ¿Cuál es el mínimo número de aristas de una pirámide?

57. ●● ¿Cuál de estas afirmaciones es falsa?

a) Una pirámide es recta cuando sus caras laterales son todas triángulos equiláteros.
b) La base de una pirámide puede ser un polígono cualquiera.

58. ●● Dibuja el desarrollo de una pirámide recta cuya base sea un triángulo isósceles. Describe la relación entre sus caras laterales.

59. ●● ¿Existe alguna pirámide cuyas caras laterales sean todas triángulos rectángulos?

60. ●● ¿Cuál es el mínimo número de vértices y de caras de una pirámide?

POLIEDROS REGULARES

61. ● En el siguiente dibujo hay un cubo y, en su interior, un octaedro cuyos vértices están situados en el punto medio de cada cara del cubo. Completa la tabla.

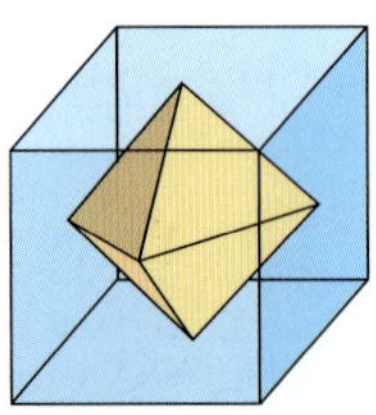

	Cubo	Octaedro
Caras		
Aristas		
Vértices		

62. ● ¿Cuántos vértices tendrá un poliedro de 8 caras y 18 aristas que verifica la fórmula de Euler?

63. ●● Un poliedro tiene tantas aristas como un icosaedro y cinco veces más vértices que un tetraedro. Si cumple la relación de Euler, ¿cuántas caras tiene?

64. ●● Dibuja un poliedro formado por triángulos y cuadrados. ¿Cumple la fórmula de Euler?

CUERPOS DE REVOLUCIÓN

65. ● Determina cuáles son cuerpos de revolución.

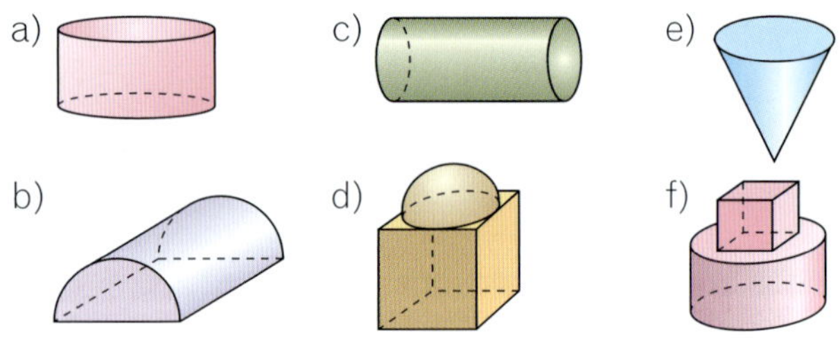

66. ● Dibuja los cuerpos que se generan al girar las siguientes figuras en torno a los ejes indicados.

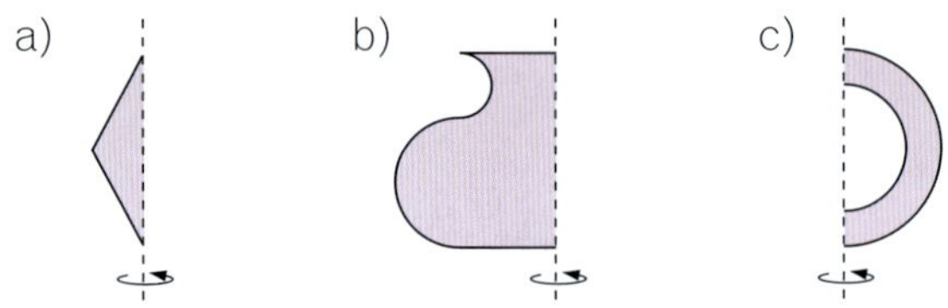

67. ●● Dibuja los polígonos y el eje de estas figuras de revolución.

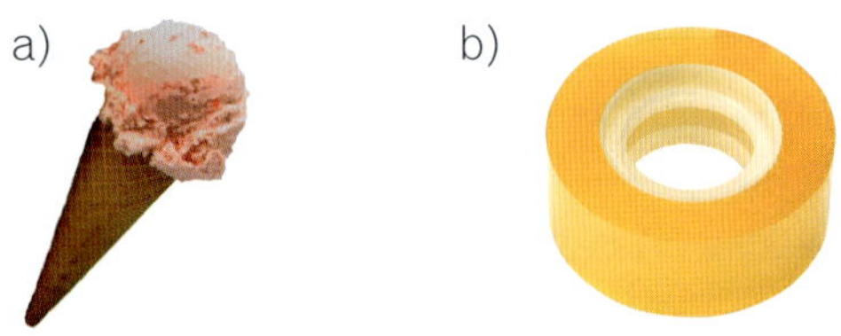

68. ● Considera el desarrollo de este cilindro:

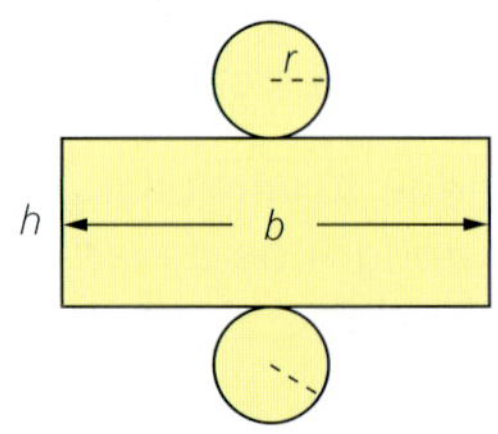

a) ¿Qué relación hay entre la longitud de la circunferencia de la base y el lado mayor del rectángulo?
b) Si el radio del círculo de la base es 5 cm, ¿cuánto mide el lado mayor del rectángulo?

69. ●● El desarrollo de un cono es el que se muestra en la figura. ¿Cuánto medirá el radio del círculo de la base?

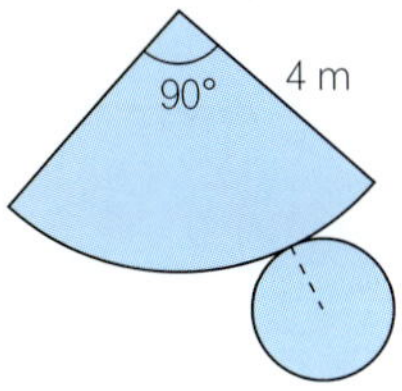

70. ●● ¿Son correctos los datos que aparecen en la siguiente figura?

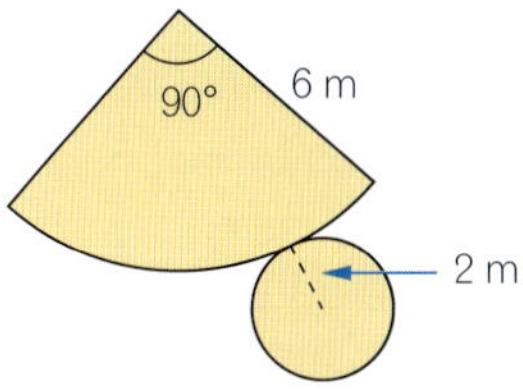

71. ●● Dibuja el desarrollo de un cilindro cuya altura mide 12 cm y el radio de la base 6 cm.

72. ●● Dibuja el desarrollo de un cono con radio de la base 4 cm y altura 8 cm.

73. ●● ¿Cuánto vale la altura de un cono cuyo radio de la base mide 8 cm y la generatriz 10 cm?

PROBLEMAS CON CUERPOS GEOMÉTRICOS

74. ●● El cilindro de cartón de un rollo de papel tiene un radio de 2,3 cm y un ancho de 24 cm. ¿Qué dimensiones tiene el cartón?

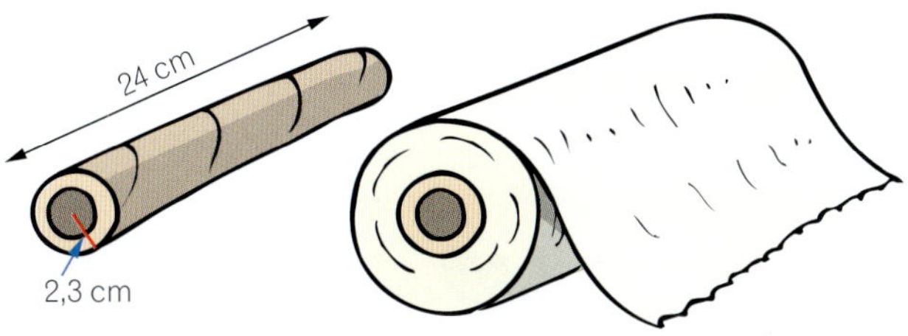

75. ●● Un orfebre ha realizado un brazalete cilíndrico cuyo exterior quiere cubrir de plata. El radio del brazalete es de 3 cm y su altura 4 cm. ¿Qué área tiene que cubrir de plata?

76. ●● Lola pinta joyeros de madera. Hoy ha pintado dos joyeros como el de la figura. ¿Qué área ha pintado en total?

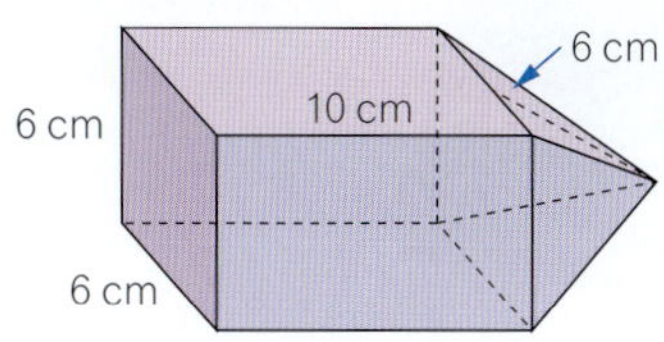

77. ●●● Delia trabaja en una fábrica donde hacen latas cilíndricas de conservas. Si las latas tienen un área de 500 cm^2 y un radio de 5 cm, ¿cuál es su altura?

78. ●●● Para la fiesta de fin de curso, los alumnos se van a disfrazar. Para ello necesitan un gorro con forma cónica. María, Susana y Carlos se van a hacer los gorros de tela. Si los radios son 8, 10 y 13 cm y las generatrices 28, 35 y 40 cm, respectivamente, ¿cuánta tela necesitarán como mínimo?

INVESTIGA

79. ●●● Un plano paralelo a una cara de un cubo, y que corta al mismo, origina siempre un cuadrado.

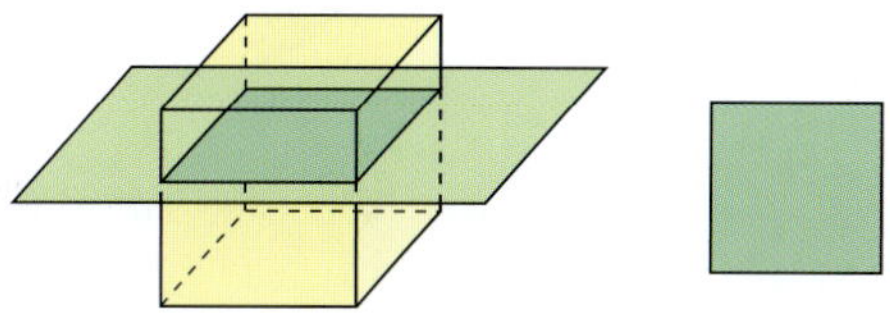

¿Se puede obtener un cuadrado cortando un cubo por un plano que no sea paralelo a ninguna cara?

80. ●●● Si en un cubo, el plano trazado contiene a dos aristas opuestas, ¿qué cuadrilátero se obtiene?

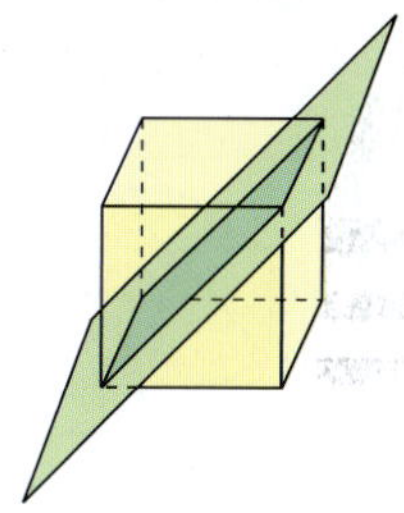

81. ●●● Un plano que corta a tres caras de un cubo con un vértice común, origina un triángulo como el de la figura.

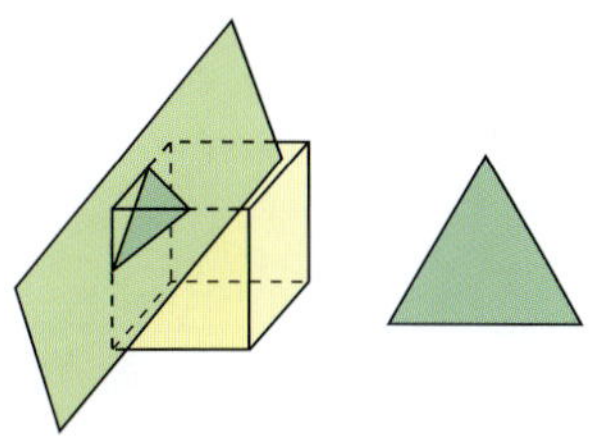

a) ¿En qué casos el triángulo es isósceles?

b) ¿En qué casos es equilátero?

c) ¿Cuál es el mayor triángulo equilátero que se puede formar?

82. ●●● Observa el siguiente octaedro y di cómo obtendrías, al cortarlo por un plano:

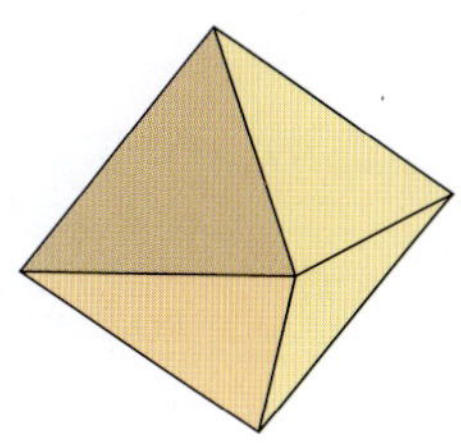

a) Un cuadrado.

b) Un rectángulo.

c) Un rombo.

Pon a prueba tus capacidades

83. ●●● Los hermanos Chinetti, dueños del CIRCO MUNDIAL DE LOS MUNDOS, han decidido comprar una carpa nueva para su espectáculo.

La carpa que tienen está deteriorada y, además, se ha quedado pequeña. Por eso quieren que la nueva carpa sea mayor que la anterior.

Después de analizarlo, han diseñado la siguiente figura:

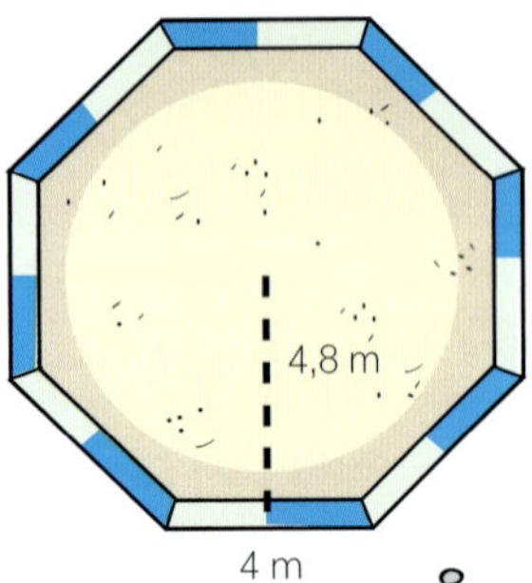

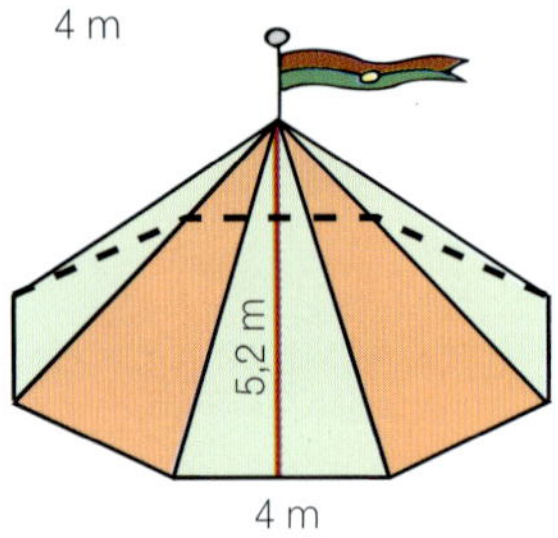

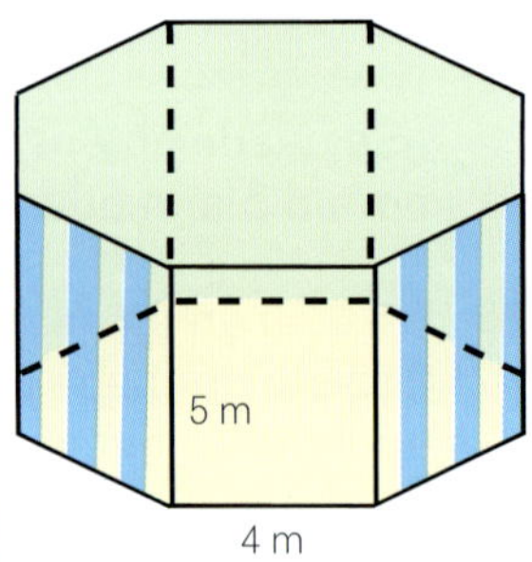

ERES CAPAZ DE... COMPRENDER

a) ¿Qué forma tiene la parte inferior de la carpa? ¿Y sus caras laterales? ¿Cuáles son sus medidas?

b) ¿Qué forma tiene la parte superior de la carpa? ¿Y sus caras laterales? ¿Cuáles son sus medidas?

ERES CAPAZ DE... RESOLVER

c) La carpa se fabrica con una lona que cuesta 12 €/m^2 el material y 11 €/m^2 su confección. Calcula el coste total de la nueva carpa.

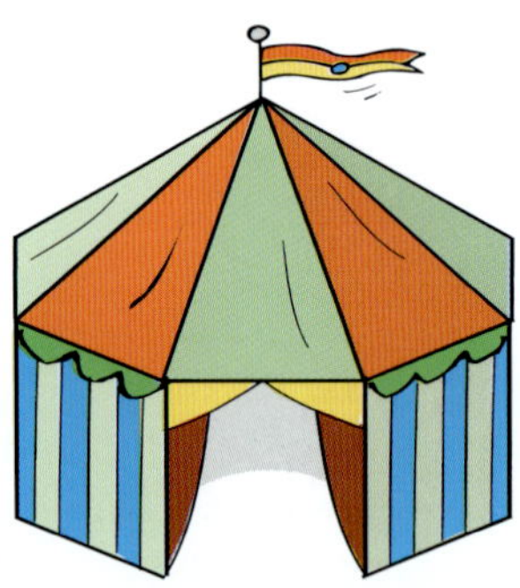

ERES CAPAZ DE... DECIDIR

d) Si el año pasado, el circo tuvo 9456 espectadores en total, y los beneficios por espectador son aproximadamente de 5,50 €, ¿crees que podrían pagarlo con los beneficios de este año?

84. ●●● En la campaña de márketing elaborada para las tiendas de ropa MODAS MEDAS han diseñado esta caja.

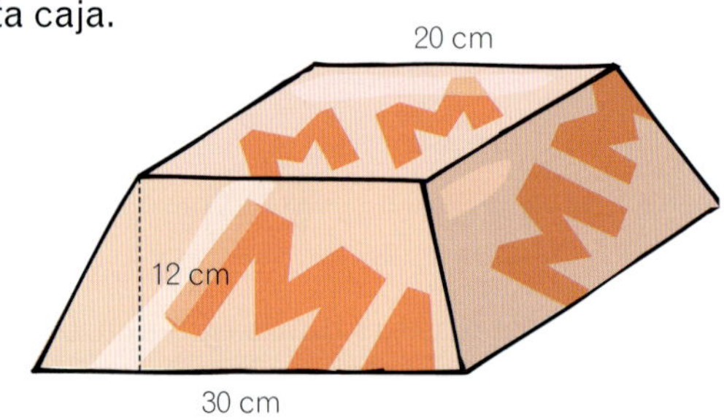

ERES CAPAZ DE... COMPRENDER

a) Si prolongas los lados, que no pertenecen a las bases, de las caras laterales, ¿qué poliedro obtendrías?

b) ¿Qué forma tienen las caras laterales de la caja? ¿Cuáles son sus medidas?

c) ¿Y qué forma tienen las bases? ¿Cuáles son sus medidas?

ERES CAPAZ DE... RESOLVER

d) A la gerente de la empresa le ha parecido una caja original y que responde al estilo de sus tiendas.

Al encargar su fabricación, tienen que enviar el desarrollo plano de la caja para elaborar una plantilla.

¿Sabrías dibujar su desarrollo plano?

ERES CAPAZ DE... DECIDIR

e) Tras ver varias muestras han decidido que la caja sea de cartón plastificado y con un tinte de color. El problema es su coste, pues cada metro cuadrado cuesta 2,20 €, incluyendo el material, el corte y el montaje de la caja. Este coste se tendrá que incrementar en el precio de cada prenda.

Si un vestido cuesta 60 €, ¿en cuánto incrementará su precio si le añadimos el coste de la caja? ¿Crees que es excesivo el incremento de precio?

Matemáticas con ordenador

GeoGebra
www.geogebra.org

Dibuja el desarrollo plano de una pirámide de base cuadrada.

1. Seleccionamos la herramienta y dibujamos la base, en este caso un cuadrado.

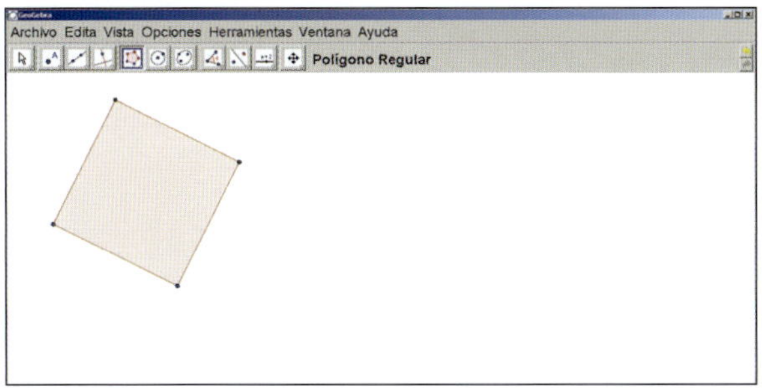

2. Elegimos la herramienta y dibujamos la mediatriz a uno de los lados del cuadrado.

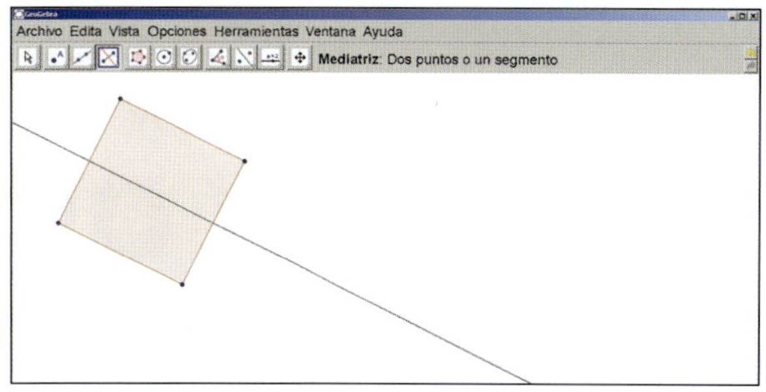

3. Con la herramienta trazamos un triángulo, de modo que dos vértices son los de un lado del cuadrado y el otro vértice está en la mediatriz.

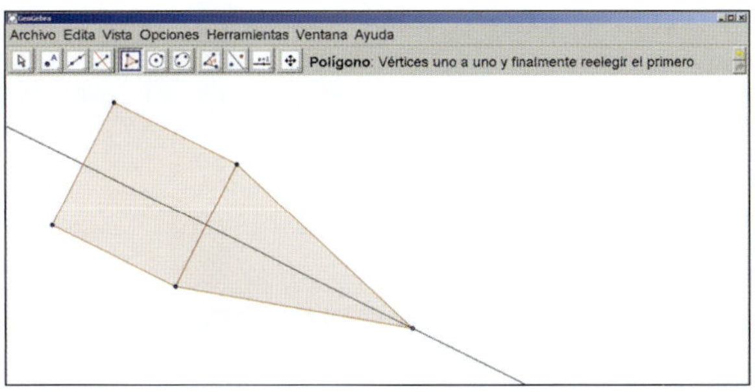

4. Elegimos la herramienta y, marcando el triángulo y después uno de los lados, el resultado es otra de las caras laterales.

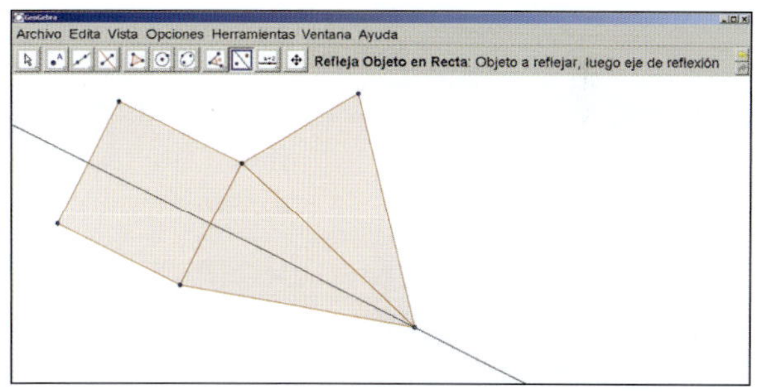

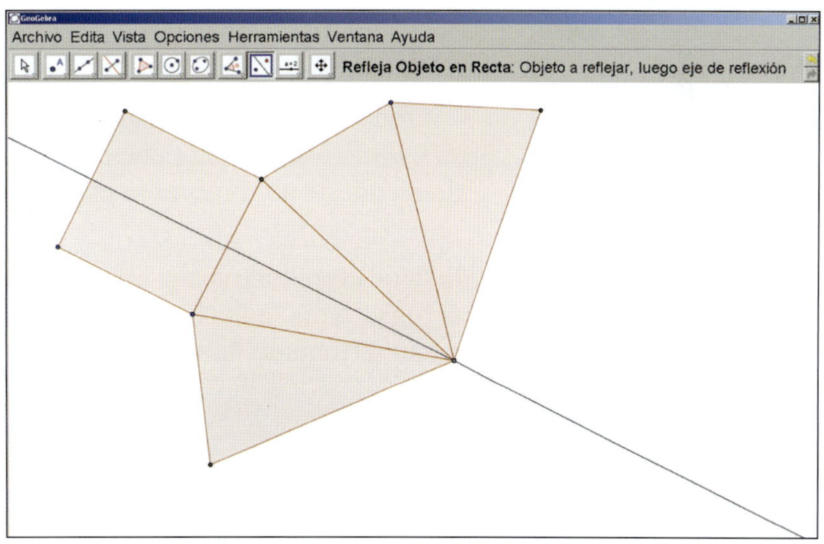

ACTIVIDADES

PRACTICA

1. Dibuja el desarrollo plano de dos pirámides distintas que tengan la misma base.

2. Dibuja el desarrollo plano de un tetraedro y de un cubo.

INVESTIGA

3. Comprueba la siguiente propiedad:
La apotema de una pirámide regular es mayor que la apotema del polígono de su base.

13 Funciones y gráficas

La bruja de Agnesi

Los ágiles dedos acariciaban las cuerdas y arrancaban dulces sonidos al arpa. María Agnesi se relajó por un momento. Oír a su hermana Teresa tocar el arpa hacía que se olvidara de todo, y que solo existieran notas y compases.

Después de concluir la pieza, Teresa le preguntó a su hermana por su enfado y esta le contestó:

–Esta mañana ha vuelto a suceder: uno de mis alumnos de la universidad ha vuelto a llamarla la *bruja de Agnesi*.

–María –le cortó su hermana–, olvida ya esa historia. Nadie tiene la intención de ofenderte al nombrar la gráfica así.

–¡Pero lo hacen! –dijo María–. La culpa la tiene el traductor que al traducir mi libro al inglés llamó a la curva la *bruja de Agnesi*, y han terminado llamándomelo a mí.

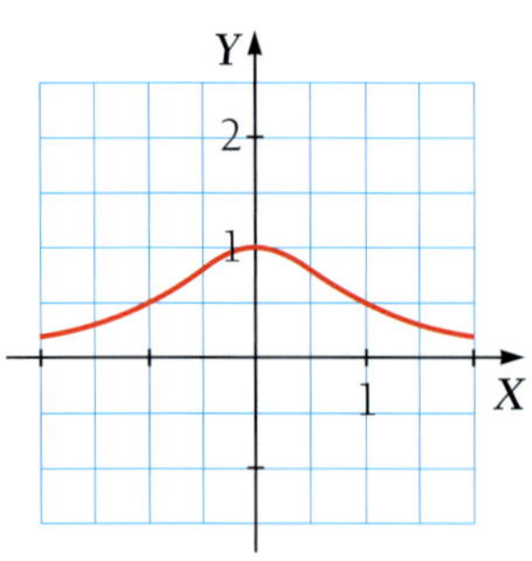

Actualmente a esta gráfica se le sigue llamando la *bruja de Agnesi*, en honor de María Gaetana Agnesi, que fue la primera mujer en impartir clases en una universidad.

DESCUBRE LA HISTORIA...

1. Busca información sobre la vida de María Gaetana Agnesi, matemática que vivió en el siglo XVIII.
2. María Agnesi estudió con detalle una curva llamada, debido a una mala traducción, la *bruja de Agnesi*. Investiga cómo se genera dicha curva y describe sus propiedades.
3. Averigua qué otros trabajos realizó María Agnesi relacionados con las matemáticas.

Antes de empezar la unidad...

CONVIENE QUE...
Sepas interpretar una **tabla numérica.**

PORQUE...
Lo utilizaremos para **definir funciones.**

Tablas numéricas

Esta tabla muestra el producto de dos números.

Factor	Factor	Producto
1	7	$1 \cdot 7 = 7$
2	7	$2 \cdot 7 = 14$
3	7	$3 \cdot 7 = 21$
4	7	$4 \cdot 7 = 28$
5	7	$5 \cdot 7 = 35$

CONVIENE QUE...
Recuerdes cómo **pasar del lenguaje usual al lenguaje algebraico.**

PORQUE...
Es necesario para determinar la **ecuación de una función.**

Paso del lenguaje usual al lenguaje algebraico

Lenguaje usual	Lenguaje algebraico
El triple de un número →	$3x$
La mitad de un número →	$\frac{x}{2}$
El cuadrado de un número más 2 unidades →	$x^2 + 2$

CONVIENE QUE...
Sepas calcular las **soluciones de una ecuación de dos incógnitas.**

PORQUE...
Nos servirá para calcular **coordenadas de puntos.**

Soluciones de una ecuación de dos incógnitas

Una **solución** de una ecuación son los valores numéricos de las incógnitas que hacen cierta la igualdad.

Comprobamos que los valores $x = 1$ e $y = 2$ son solución de la ecuación $2xy - 1 = y + 1$.

$$2xy - 1 = y + 1 \xrightarrow{x = 1,\, y = 2} 2 \cdot 1 \cdot 2 - 1 = 2 + 1 \rightarrow 3 = 3$$

Por tanto, $x = 1$ e $y = 2$ es solución de la ecuación.

EVALUACIÓN INICIAL

Tablas numéricas

1. Completa esta tabla:

Lado del cuadrado	Perímetro	Área
1		
2		
3		
4		

Paso del lenguaje usual al lenguaje algebraico

2. Expresa en lenguaje algebraico.

a) La tercera parte de un número.

b) El doble de un número más 6 unidades.

c) El triple de un número menos su doble.

Soluciones de una ecuación de dos incógnitas

3. Halla el valor de y en estas ecuaciones para que sea solución si $x = 3$.

a) $y - 10x = 3y + 12$ b) $xy - 2 = 2y + 1$

PLAN DE TRABAJO

En esta unidad aprenderás a...

- Dibujar sistemas de coordenadas cartesianas.
- Usar las coordenadas cartesianas para representar puntos en el plano.
- Hallar las coordenadas de un punto del plano.
- Identificar si una relación es o no una función.
- Representar e interpretar gráficas de funciones.

1 Rectas numéricas

Para representar un número en una recta numérica se marca un punto de referencia, al que llamamos origen y al cual le hacemos corresponder el número 0. A continuación, se elige una unidad y se desplaza.

- Si dibujamos la recta de forma horizontal, los números con signo positivo se colocan ordenados a la derecha del cero y los negativos a la izquierda.

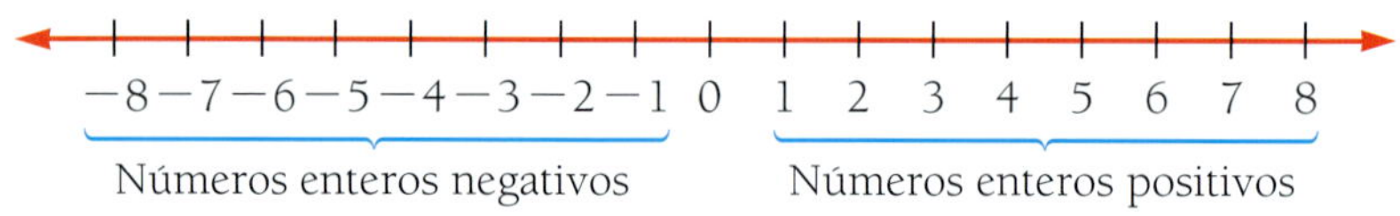

- Si la dibujamos de forma vertical, los números positivos se colocan por encima del cero y los negativos por debajo, respetando siempre el orden natural.

EJEMPLO

1 Representa los números -2, 4 y $\frac{9}{4}$ en una recta horizontal.

Para representar -2, partiendo del 0, contamos 2 unidades a la izquierda, por ser un número negativo. Para representar 4, partiendo del 0, contamos 4 unidades a la derecha, por ser un número positivo.

Para representar $\frac{9}{4}$, como es una fracción impropia, la descomponemos como suma de un número natural más una fracción propia.

$$\begin{array}{r|l} 9 & 4 \\ \hline 1 & 2 \end{array} \quad \rightarrow \quad \frac{9}{4} = 2 + \frac{1}{4}$$

Dividimos la unidad comprendida entre 2 y 3 en tantas partes como indica el denominador de la fracción propia, 4, y tomamos tantas partes como indica el numerador, 1.

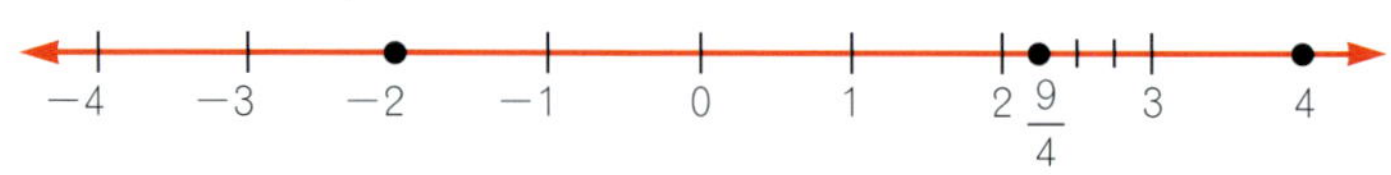

EJERCICIOS

PRACTICA

1 Representa los siguientes números en una recta horizontal: -1, 5, 7 y -4.

2 Representa estos números en una recta vertical: -8, 5, 7 y -4.

3 El punto *A* está situado a la derecha de cero. ¿Qué afirmación es correcta?

a) *A* es positivo.

b) *A* es negativo.

c) $A = 0$

d) *A* puede ser positivo o negativo.

APLICA

4 Dada la recta numérica:

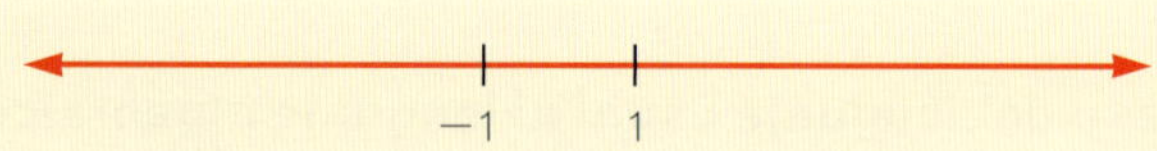

a) Representa el número 0.

b) Coloca en la recta estos números: -3, 2, -2, -5 y 6.

REFLEXIONA

5 Indica cómo representarías los siguientes números en una recta numérica: -1, $\frac{1}{2}$ y $-1{,}5$.

2 Coordenadas cartesianas

Para representar puntos en el plano se utilizan dos rectas numéricas perpendiculares, denominadas **ejes de coordenadas**.

Un **sistema de coordenadas cartesianas** está formado por:

- **Eje de abscisas**, que es la recta horizontal y se representa por ***X***.
- **Eje de ordenadas**, que es la recta vertical y se representa por **Y**.
- **Origen de coordenadas**, que es el punto de corte de los ejes y se representa por ***O***. El origen de coordenadas coincide con el 0 de ambas rectas numéricas.

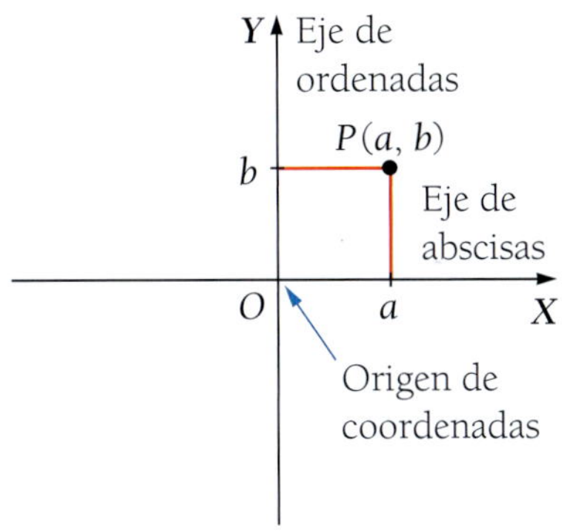

Un punto *P* del plano queda determinado por un par de números, (*a*, *b*), llamados **coordenadas cartesianas** del punto *P*, y se escribe *P*(*a*, *b*).

- El número *a* es la **abscisa** del punto *P* y se mide en el eje horizontal: si es positiva, el punto está a la derecha del origen de coordenadas, y si es negativa, a la izquierda.
- El número *b* es la **ordenada** del punto *P* y se mide en el eje vertical: si es positiva, el punto se sitúa por encima del origen de coordenadas, y si es negativa, por debajo.
- El punto **O** representa el punto (0, 0).

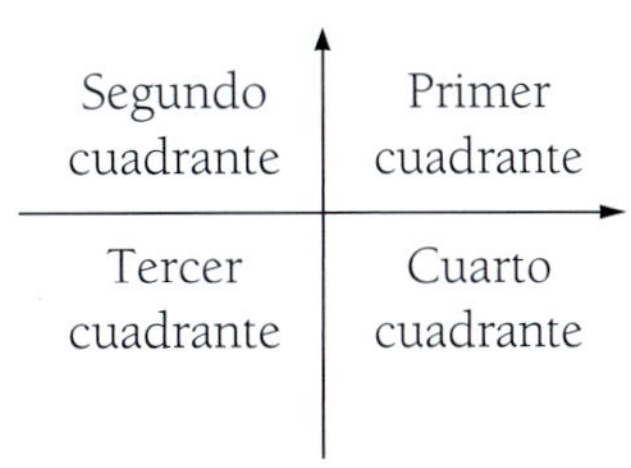

Los ejes de coordenadas dividen el plano en cuatro partes, cada una de las cuales se llama **cuadrante**.

EJERCICIOS

PRACTICA

6 Dibuja unos ejes de coordenadas, y colorea de azul el eje de abscisas, y de rojo, el de ordenadas.

7 Señala cinco puntos con:

a) Abscisa −2.
b) Ordenada −2.
c) Igual abscisa y ordenada.

APLICA

8 La abscisa del punto *A* es positiva y la ordenada del punto *B* es negativa. ¿En qué cuadrante estará situado el punto *A*? ¿Y el punto *B*?

REFLEXIONA

9 ¿Qué ocurre con los puntos que tienen igual ordenada y distinta abscisa? ¿Y con los que tienen igual abscisa y distinta ordenada? Dibuja unos ejes de coordenadas y señálalo.

2.1 Puntos del primer cuadrante

Un punto $P(a, b)$ del primer cuadrante tiene la abscisa, a, positiva y la ordenada, b, positiva.

EJEMPLO

2 Representa el punto $A(2, 3)$.

- La primera coordenada $x = 2$ es positiva: nos desplazamos 2 unidades a la derecha.
- La segunda coordenada $y = 3$ también es positiva: nos desplazamos 3 unidades hacia arriba, desde la abscisa anterior.

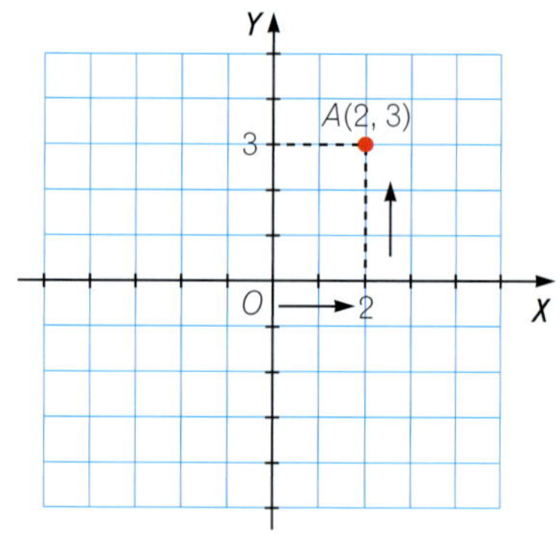

2.2 Puntos del segundo cuadrante

Un punto $P(a, b)$ del segundo cuadrante tiene la abscisa, a, negativa y la ordenada, b, positiva.

EJEMPLO

3 Representa el punto $B(-2, 3)$.

- La primera coordenada $x = -2$ es negativa: nos desplazamos 2 unidades a la izquierda.
- La segunda coordenada $y = 3$ es positiva: nos desplazamos 3 unidades hacia arriba, desde la abscisa anterior.

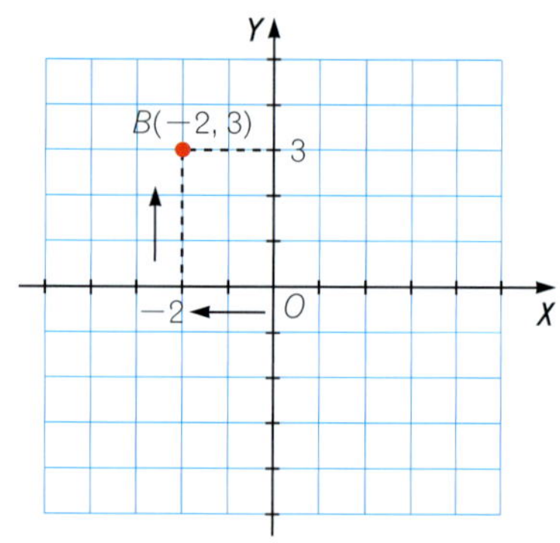

EJERCICIOS

PRACTICA

10 Representa los siguientes puntos e indica en qué cuadrante se encuentran.

$A(-2, 5)$ $B(3, 5)$ $C(7, 2)$ $D(-4, 5)$

11 Representa los puntos y señala su cuadrante.

$A(-3, 1)$ $B(5, 3)$ $C(-1, 3)$ $D(5, 4)$

APLICA

12 Indica, sin representarlos, el cuadrante en el que se sitúa cada punto.

$A(-8, 3)$ $B(5, 10)$ $C(-7, 2)$ $D(4, 6)$

REFLEXIONA

13 Indica las coordenadas cartesianas de estos puntos:

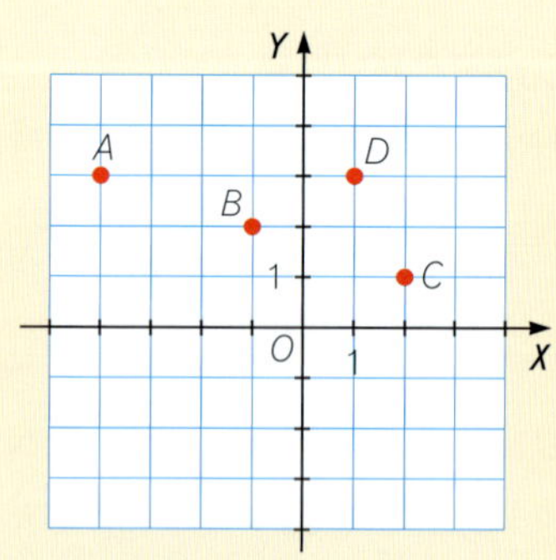

¿Qué característica común tienen los puntos del primer y segundo cuadrantes?

2.3 Puntos del tercer cuadrante

Un punto $P(a, b)$ del tercer cuadrante tiene la abscisa, a, negativa y la ordenada, b, negativa.

EJEMPLO

4 Representa el punto $A(-2, -3)$.

- La primera coordenada $x = -2$ es negativa: nos desplazamos 2 unidades a la izquierda.
- La segunda coordenada $y = -3$ también es negativa: nos desplazamos 3 unidades hacia abajo, desde la abscisa anterior.

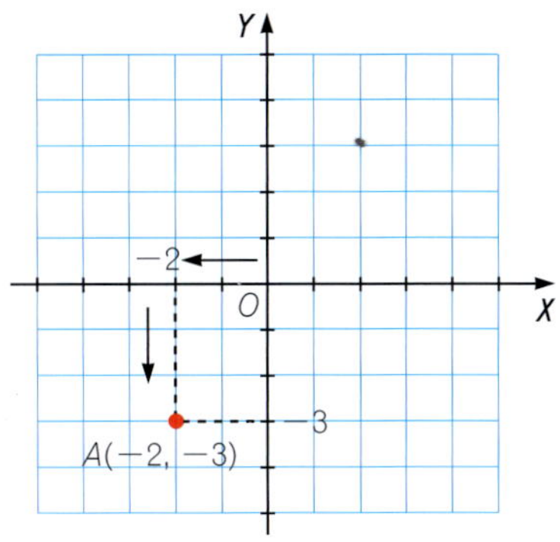

2.4 Puntos del cuarto cuadrante

Un punto $P(a, b)$ del cuarto cuadrante tiene la abscisa, a, positiva y la ordenada, b, negativa.

EJEMPLO

5 Representa el punto $B(2, -3)$.

- La primera coordenada $x = 2$ es positiva: nos desplazamos 2 unidades a la derecha.
- La segunda coordenada $y = -3$ es negativa: nos desplazamos 3 unidades hacia abajo, desde la abscisa anterior.

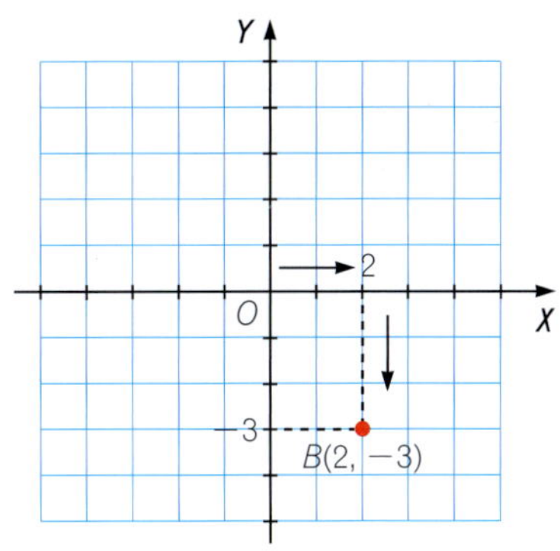

EJERCICIOS

PRACTICA

14 Representa los siguientes puntos en el plano, e indica en qué cuadrante se encuentran.

$A(-1, 5)$ $B(-2, 5)$ $C(-7, -2)$ $D(4, -5)$

15 Representa los puntos en el plano y señala su cuadrante.

$A(-3, -1)$ $B(5, -10)$ $C(-3, -3)$ $D(-6, 4)$

APLICA

16 Indica, sin representarlos, el cuadrante en el que se sitúa cada punto.

$A(-8, 3)$ $B(8, -2)$ $C(-7, -3)$ $D(4, 6)$

REFLEXIONA

17 Indica las coordenadas de los puntos.

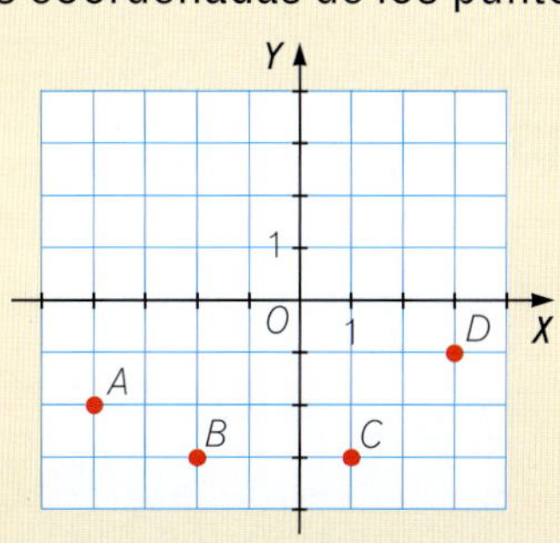

¿Qué característica común tienen los puntos del tercer y cuarto cuadrantes?

2.5 Puntos sobre los ejes de coordenadas

Los puntos que están situados sobre el eje X son de la forma $(a, 0)$, es decir, su ordenada es 0.

Si la coordenada a es positiva, están a la derecha del origen de coordenadas, y si es negativa, a la izquierda.

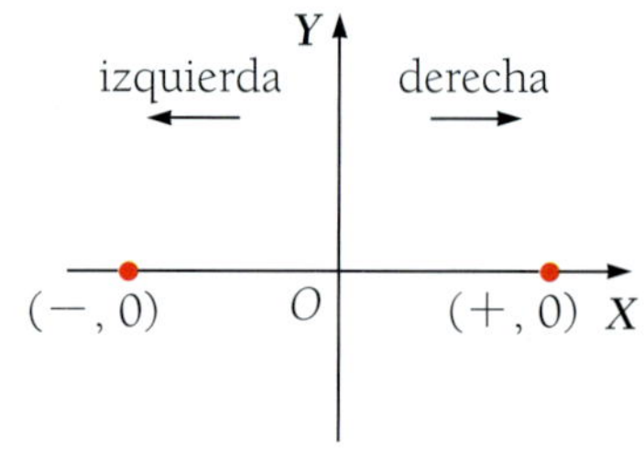

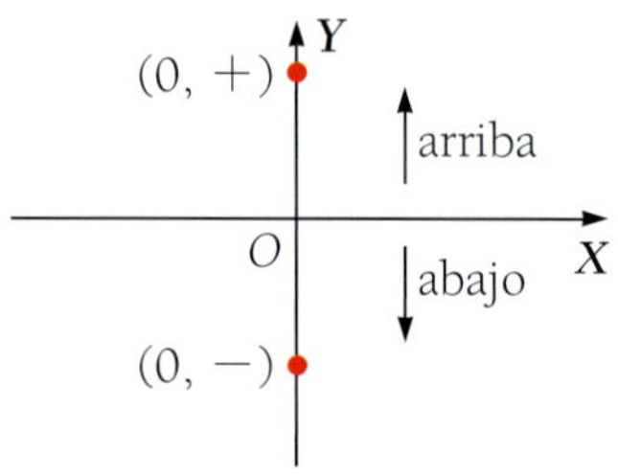

Los puntos que están situados sobre el eje Y son de la forma $(0, b)$, es decir, su abscisa es 0.

Si la coordenada b es positiva, están por encima del origen de coordenadas, y si es negativa, por debajo.

EJEMPLO

6 Representa los puntos $A(2, 0)$, $B(-4, 0)$, $C(0, 2)$ y $D(0, -3)$.

$A(2, 0)$ ⟶ Nos desplazamos 2 unidades a la derecha, $x = 2$.
La ordenada es cero, $y = 0$.
El punto A se sitúa en el mismo eje de abscisas.

$B(-4, 0)$ → Nos desplazamos 4 unidades a la izquierda, $x = -4$.
La ordenada es cero, $y = 0$.
El punto B se sitúa en el mismo eje de abscisas.

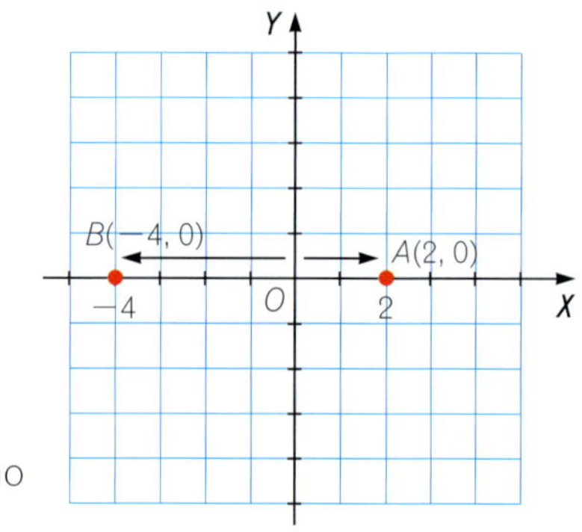

$C(0, 2)$ ⟶ La abscisa es cero, $x = 0$.
Nos desplazamos 2 unidades hacia arriba, $y = 2$.
El punto C se sitúa en el mismo eje de ordenadas.

$D(0, -3)$ → La abscisa es cero, $x = 0$.
Nos desplazamos 3 unidades hacia abajo, $y = -3$.
El punto D se sitúa en el mismo eje de ordenadas.

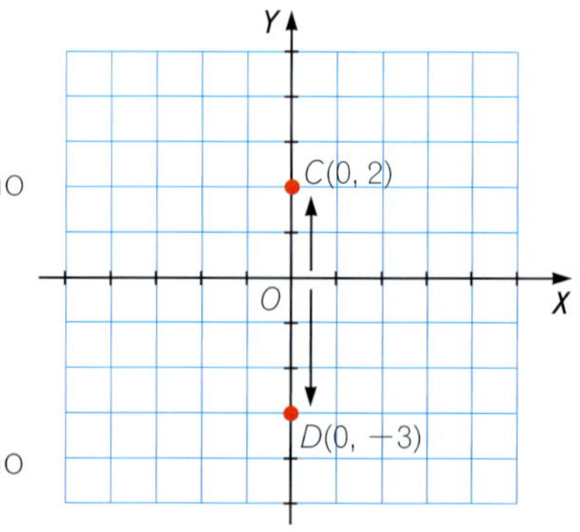

EJERCICIOS

PRACTICA

18 Representa los siguientes puntos en el plano:

$A(-1, 0)$ $C(7, 0)$ $E(0, -1)$ $G(0, 3)$
$B(0, 5)$ $D(0, -3)$ $F(5, 0)$ $H(-10, 0)$

19 Escribe tres puntos situados en el eje X de abscisa positiva, y otros tres en el eje Y de ordenada negativa.

APLICA

20 Indica, sin representarlos, sobre qué eje se encuentra cada punto.

$A(0, 2)$ $B(-1, 0)$ $C(0, -1)$ $D(-7, 0)$

REFLEXIONA

21 ¿Existe algún punto que se sitúe en los dos ejes simultáneamente? ¿Qué punto es?

3 Funciones

3.1 Concepto de función

Se denomina **función** a la relación que asocia a cada valor de una magnitud (o conjunto inicial) un único valor de otra magnitud (o conjunto final).

Al conjunto de valores de ambas magnitudes lo llamamos variables. La primera magnitud, x, es la **variable independiente**, y la segunda, y, es la **variable dependiente**.

Si representamos los pares de valores que obtenemos en un sistema de coordenadas obtenemos la **representación gráfica de una función**.

EJEMPLO

7 La relación que a cada número natural le hace corresponder el siguiente número, ¿es una función?

CONJUNTO INICIAL → Números naturales

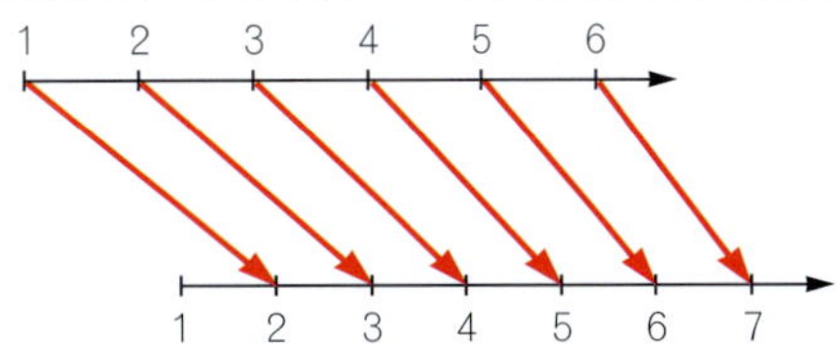

CONJUNTO FINAL → Números naturales

Esta relación es una función porque a cada valor del conjunto inicial, un número natural, se le asocia un único valor del conjunto final: el siguiente número.

Esta relación se puede escribir como pares de valores ordenados:

$$(1, 2), (2, 3), (3, 4), (4, 5), \ldots$$

donde el primer número pertenece al conjunto inicial y el segundo número es el que le corresponde por la función.

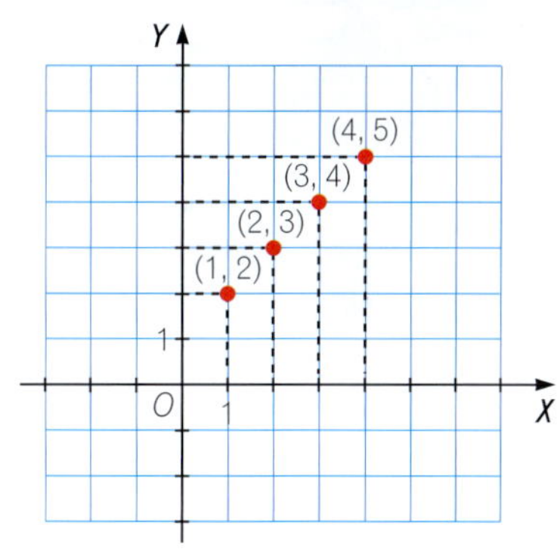

EJERCICIOS

PRACTICA

22 Asocia a cada número natural del 1 al 9 su doble, y halla los pares de coordenadas que resultan.

23 Dado el conjunto inicial: {1, 2, 3, 4}, calcula el conjunto final, si a cada número le asociamos su cuadrado. Halla los pares de coordenadas que resultan, y represéntalos en un sistema de coordenadas cartesianas.

APLICA

24 Dada la relación que asigna a cada número su opuesto, determina si es una función y representa gráficamente algunos de sus puntos.

REFLEXIONA

25 A cada cantidad de dinero le asociamos el número de monedas y billetes necesarios para formar esa cantidad. ¿Es esta relación una función?

3.2 Expresión de una función mediante una ecuación

En ocasiones podemos escribir la relación entre dos magnitudes mediante una expresión algebraica.
La expresión $y = f(x)$ hace referencia a la **ecuación de una función** cualquiera.

EJEMPLOS

8 Dado el conjunto inicial $\{-11, -5, 2, 3, 7, 13\}$:

a) Asocia a cada número su opuesto y halla el conjunto final.
b) Encuentra la ecuación que expresa esta función.

a) Representamos los conjuntos, asociando a cada número su opuesto.

Conjunto inicial		Conjunto final
-11	→	11
-5	→	5
2	→	-2
3	→	-3
7	→	-7
13	→	-13

b) Esta función se puede definir mediante las expresiones:
$f(x) = -x$ o $y = -x$

9 Determina la ecuación que representa la función que asocia a cada número:

a) Su doble.
b) Ese número más 4.

a) Si llamamos x a la variable independiente, su doble será $2x$, y por tanto, la función que asocia a cada número su doble es:
$y = 2x$ o $f(x) = 2x$

b) Si x es la variable independiente, la función que asocia a cada número ese número más 4 es: $y = x + 4$ o $f(x) = x + 4$

10 Escribe mediante un enunciado la función $y = 3x + 2$.

Es la función que asocia a cada número su triple más 2 unidades.

EJERCICIOS

PRACTICA

26 Dado el conjunto inicial:
$\{0, 1, 2, 3, 4, 5\}$
calcula el conjunto final de la relación que asocia:

a) A cada número su triple más 1.
b) A cada número su cubo.
c) A cada número su mitad más cuatro.
d) A cada número el triple de su mitad.

APLICA

27 Escribe la ecuación que representa la función que asocia a cada número su cuadrado más 2.

REFLEXIONA

28 La relación que asigna a cualquier número el número 3, ¿es una función?
En caso afirmativo, calcula su ecuación.

Cada valor de la variable independiente, x, sustituido en la ecuación de la función, permite calcular el valor de la variable dependiente, y.

EJEMPLO

11 **Considera la función $y = 4x$, que asocia a cada número cuatro veces su valor. Calcula los valores de y para $x = 1$, $x = 2$ y $x = -1$.**

- Para $x = 1$ sustituimos x por 1 en la ecuación de la función, y calculamos y:

  $$y = 4x \xrightarrow{x=1} y = 4 \cdot 1 \rightarrow y = 4$$

  El valor de la función $y = 4x$, para $x = 1$, es $y = 4$.

- Para $x = 2$: $y = 4x \xrightarrow{x=2} y = 4 \cdot 2 \rightarrow y = 8$

  El valor de la función $y = 4x$, para $x = 2$, es $y = 8$.

- Para $x = -1$: $y = 4x \xrightarrow{x=-1} y = 4 \cdot (-1) \rightarrow y = -4$

  El valor de la función $y = 4x$, para $x = -1$, es $y = -4$.

Un punto pertenece a una función cuando verifica su ecuación. Así, el punto (a, b) pertenece a la función $y = f(x)$ si $b = f(a)$.

EJEMPLO

12 **Indica a cuál de las siguientes funciones pertenece el punto (1, 10).**

a) $y = 3x - 3$ **b)** $y = 5x + 5$ **c)** $y = 6x + 3$

En el punto (1, 10) $\rightarrow$ $x = 1$, $y = 10$

Vamos a calcular el valor de y para $x = 1$ en cada función.

a) $y = 3x - 3 \xrightarrow{x=1} y = 3 \cdot 1 - 3 = 0$

El punto (1, 10) no pertenece a esta función.

b) $y = 5x + 5 \xrightarrow{x=1} y = 5 \cdot 1 + 5 = 10$

El punto (1, 10) pertenece a esta función.

c) $y = 6x + 3 \xrightarrow{x=1} y = 6 \cdot 1 + 3 = 9$

El punto (1, 10) no pertenece a esta función.

EJERCICIOS

PRACTICA

29 Considerando la función $y = x - 2$, halla los valores de y para $x = 0$, $x = -2$ y $x = 3$.

30 Indica a cuál de estas funciones pertenece el punto $A(-1, 3)$.

a) $f(x) = x^3 - 3$
b) $g(x) = x - 4$
c) $h(x) = -2x^2 + 5$
d) $i(x) = 2x + 3$

APLICA

31 Determina la ecuación que representa la función que asocia a cada número su doble más 1. ¿Pertenece el punto (2, 6) a dicha función? ¿Y (3, 7)?

REFLEXIONA

32 ¿Puede un mismo punto pertenecer a dos funciones diferentes? Compruébalo con algún ejemplo.

3.3 Expresión de una función mediante una tabla de valores

Los pares de valores (x, y) que obtenemos de una función los podemos organizar en una tabla denominada **tabla de valores** de la función.

EJEMPLOS

13 Construye una tabla de valores con algunos puntos de la función $y = 5x - 3$.

Para cada valor de x obtenemos otro valor de y, multiplicando el primer valor por 5 y, después, restando 3 unidades.

Formamos una tabla de valores:

$$y = 5x - 3$$

$x = -1 \rightarrow y = 5 \cdot (-1) - 3 = -5 - 3 = -8 \longrightarrow$

$x = 0 \longrightarrow y = 5 \cdot 0 - 3 = 0 - 3 = -3 \longrightarrow$

$x = 1 \longrightarrow y = 5 \cdot 1 - 3 = 5 - 3 = 2 \longrightarrow$

$\dots \longrightarrow$

x	y
−1	−8
0	−3
1	2
…	…

14 Determina la ecuación que representa la función que asocia a cada número su triple menos 2, y construye la tabla de valores correspondiente.

Si llamamos x a la variable independiente, su triple será $3x$, y por tanto, la función que buscamos es: $y = 3x - 2$ o $f(x) = 3x - 2$

Para cada valor de x obtenemos otro valor de y, multiplicando el primer valor por 3 y, después, restando 2 unidades.

x	y
−1	−5
1	1
2	4
…	…

15 Escribe la ecuación de la función que representa esta tabla:

x	0	1	2	3
y	0	5	10	15

A cada número le corresponde ese número multiplicado por 5; por tanto, la función es $y = 5x$.

EJERCICIOS

PRACTICA

33 Dada la función $f(x) = 4x + 8$, escribe una tabla con seis valores.

APLICA

34 Dada la función $f(x) = x^2$, escribe la tabla de valores para $x = 0$, $x = -1$, $x = 1$, $x = -2$ y $x = 2$. ¿Qué observas?

REFLEXIONA

35 Expresa en una tabla estas funciones, representando algunos de sus pares de valores.

a) El perímetro de un triángulo equilátero y su lado.

b) El lado de un cuadrado y su perímetro.

c) El radio de un círculo y su área.

Escribe la expresión general de cada una de ellas.

3.4 Expresión de una función mediante una gráfica

La **gráfica** de una función es la representación del conjunto de puntos que define a esa función.

Para representar una función se forma una tabla con algunos de sus valores. Después, tomando esos pares de valores como puntos se representan en unos ejes de coordenadas.

En ocasiones, también tiene sentido unir los puntos obtenidos.

EJEMPLO

16 Cristina está enferma. Su madre le ha tomado la temperatura cada dos horas y ha anotado los resultados en una tabla.

Variable x (hora)	10	12	14	16	18	20
Variable y (temperatura en °C)	37	39	38	38	36	38

Representa los resultados en una gráfica.

Los puntos que obtenemos a partir de la tabla son:

(10, 37), (12, 39), (14, 38), (16, 38), (18, 36) y (20, 38)

Representamos estos puntos en los ejes de coordenadas y los unimos mediante rectas. En este caso tiene sentido unirlos porque a cualquier momento del día (hora) le corresponde una temperatura.

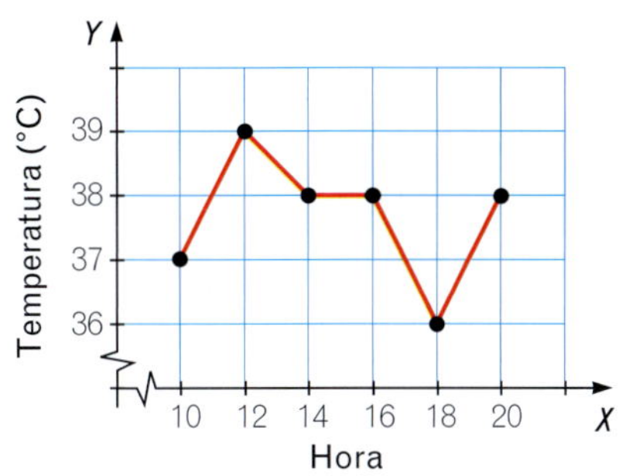

La gráfica nos aporta información de forma clara y rápida.

- La temperatura máxima de Cristina fue de 39 °C a las 12 h.
- La temperatura mínima, 36 °C, se alcanzó a las 18 h.

EJERCICIOS

PRACTICA

36 La siguiente tabla relaciona la altura de Marta con su edad.

Edad (años)	0	1	2	3	4	5	6	7	8	9
Altura (m)	0,48	0,65	0,75	0,84	0,95	1,02	1,05	1,08	1,12	1,16

Construye una gráfica de puntos con los valores de la tabla anterior.

APLICA

37 Un bebé pesa al nacer 2,9 kg. La primera semana gana 200 g, la segunda 300 g y la tercera 150 g. Representa la gráfica correspondiente.

REFLEXIONA

38 Dada la expresión algebraica $y = -2x + 2$:

a) Construye una tabla con valores enteros de x comprendidos entre -5 y 5.

b) Representa la función gráficamente.

39 El alquiler de una película cuesta 1,80 € por cada día de alquiler.

a) Haz una tabla que relacione el número de días de alquiler con su precio.

b) Dibuja la gráfica correspondiente.

c) Indica cuáles son las variables independiente y dependiente.

4 Interpretación de gráficas

Interpretar una gráfica es extraer información de ella a través de su estudio, de izquierda a derecha.

EJEMPLOS

17 Interpreta esta gráfica, que representa el tiempo empleado por dos autobuses en realizar una vez su trayecto.

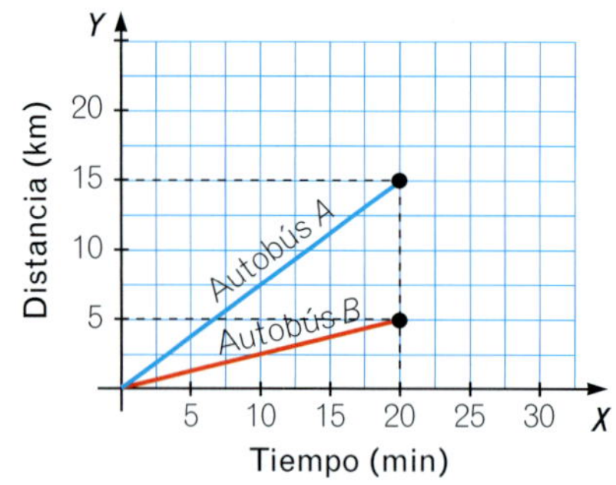

Los autobuses *A* y *B* están a la misma distancia del eje vertical, y tardan lo mismo en realizar su trayecto, 20 minutos. Sin embargo, el autobús *A* está más alejado del eje horizontal que el autobús *B*.

Es decir, el autobús *A* recorre más distancia, 15 km, que el autobús *B*, que recorre 5 km.

18 Interpreta esta gráfica, que representa las reservas de agua de un pantano durante el último año.

Las reservas de agua del pantano crecen durante el invierno y alcanzan su punto máximo en la primavera, en el mes de mayo.

Las reservas decrecen durante el verano, desde mayo hasta septiembre, llegando a su punto mínimo durante el mes de septiembre. A partir de este punto, las reservas del pantano vuelven a crecer hasta situarse en diciembre a un nivel similar con el que comenzó el año.

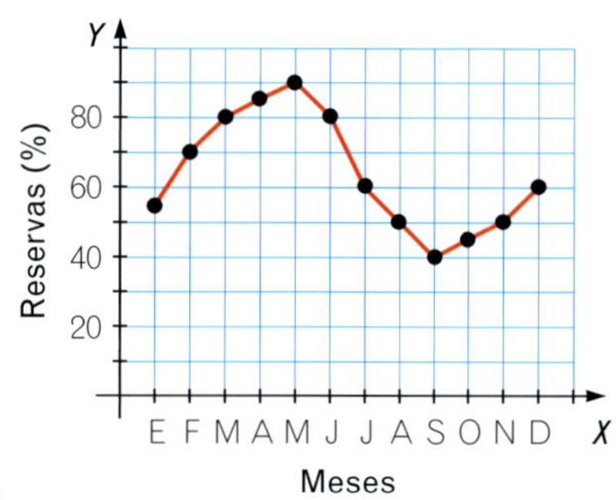

EJERCICIOS

PRACTICA

40 Esta gráfica representa el número de barras de pan que se han vendido en una panadería durante los primeros nueve meses del año.

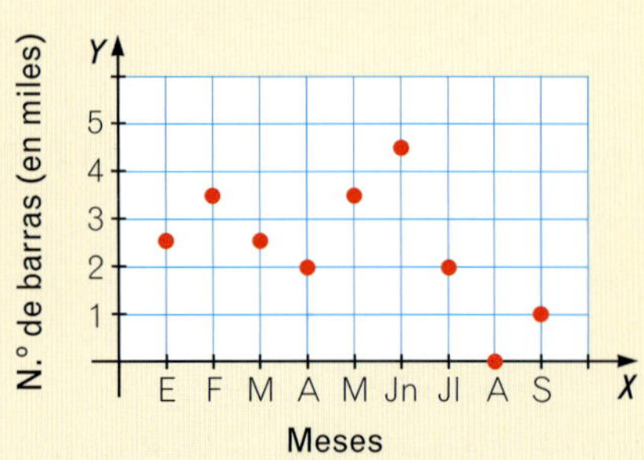

Realiza una interpretación de esta gráfica.

APLICA

41 La gráfica muestra los asistentes a una obra de teatro los siete primeros días desde el estreno.

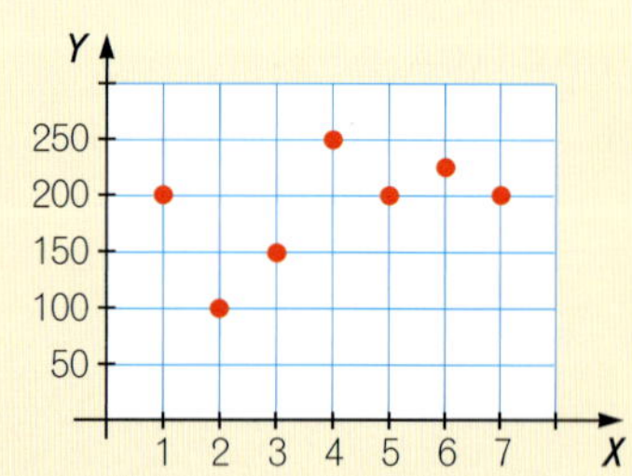

a) ¿Qué representa cada una de las variables?

b) ¿Qué día hubo más asistentes? ¿Y menos?

REFLEXIONA

42 Construye una gráfica con la temperatura de tu ciudad durante una semana e interprétala.

Al representar mediante gráficas la información extraída de un enunciado, debemos tener en cuenta los puntos que pertenecen a dicha gráfica y si estos se pueden unir o no.

EJEMPLOS

19 Representa este enunciado mediante una gráfica, y decide si es posible unir los puntos que obtienes o no.

El número de clientes de un restaurante durante la semana ha sido: el primer día 20 clientes, el segundo y el tercero 30 clientes cada día, el cuarto el mismo número de clientes que el primero. El quinto día cerraron por descanso, y el fin de semana solo hubo 10 clientes cada día.

No tiene sentido unir los puntos, ya que no podemos afirmar que en cierto momento hubo 10,5 clientes o 12,33 clientes.

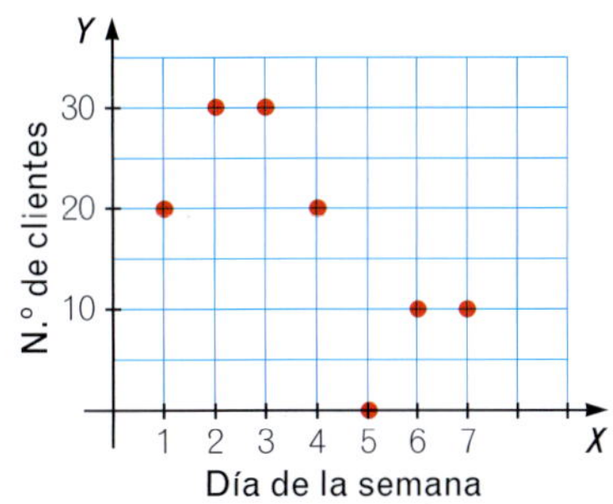

20 Representa este enunciado mediante una gráfica.

El domingo fuimos a la casa de mis abuelos, que está situada a 150 km.

Partimos a las 9:00 h y a las 10:30 h paramos a desayunar durante media hora.

A las 12:00 h entramos en la ciudad, y nos detuvimos a hablar con un amigo. Llegamos finalmente a la casa de mis abuelos a las 12:30 h.

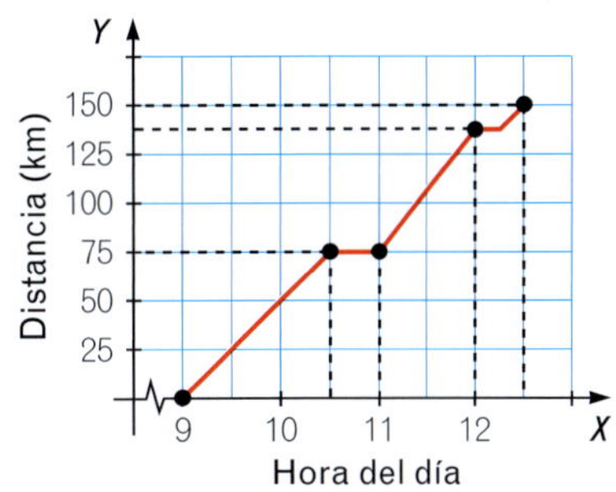

En este caso hay que unir los puntos porque se puede determinar, por ejemplo, a qué distancia se encontraban a las 11:30 h.

EJERCICIOS

PRACTICA

43 Representa este enunciado mediante una gráfica.

Cuatro amigos van de excursión.

- *El primero de ellos recorre 6 kilómetros en 75 minutos.*
- *El segundo recorre 4 kilómetros y tarda 60 minutos.*
- *El tercero tarda lo mismo que el primero, y el cuarto tarda lo mismo que el segundo.*

Razona si tiene sentido unir los puntos que obtienes.

APLICA

44 Representa el texto mediante una gráfica.

Tomás salió a pasear a las 18:00 h. A las 18:30 h se encontró con Juan y se detuvo media hora.

Luego siguió andando hasta que a las 19:30 h llegó a una ermita. Allí decidió pararse a descansar durante una hora. Después, regresó a su casa: tardó una hora en llegar y no hizo ninguna parada en el camino.

REFLEXIONA

45 Realiza una gráfica que represente el trayecto que realizas para ir al instituto.

Lo esencial

COMPRENDE ESTAS PALABRAS

Sistema de coordenadas cartesianas

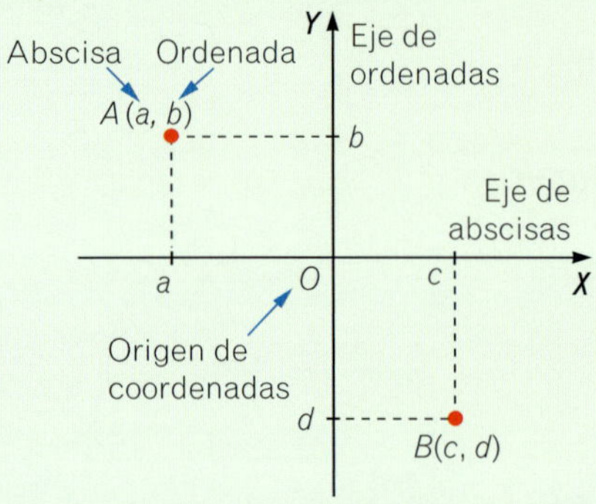

Funciones

Variable dependiente
Se designa normalmente por *y*.

Variable independiente
Se designa normalmente por *x*.

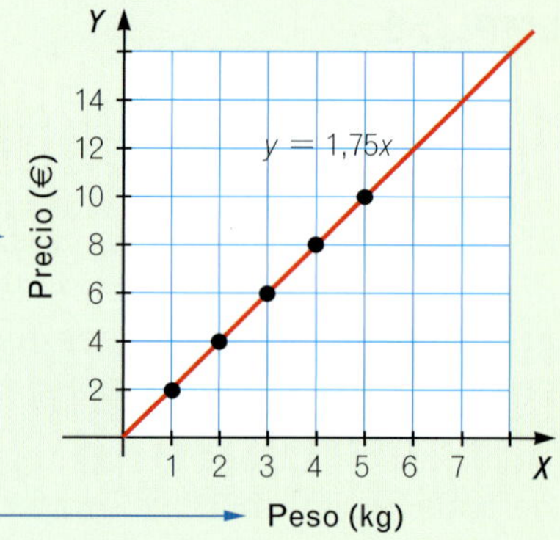

HAZLO DE ESTA MANERA

1. REPRESENTAR PUNTOS EN UN SISTEMA DE COORDENADAS CARTESIANAS

Representa los puntos: (−1, 3), (3, −1), (2, 2) y (−4, −5).

PRIMERO. En el eje horizontal, y partiendo del origen de coordenadas, nos desplazamos tantas unidades como nos indique la primera coordenada del punto. Hacia la derecha, si es positiva, o hacia la izquierda, si es negativa.

SEGUNDO. Desde ese punto, nos desplazamos tantas unidades como nos indique la segunda coordenada del punto. Hacia arriba, si es positiva, o hacia abajo, si es negativa.

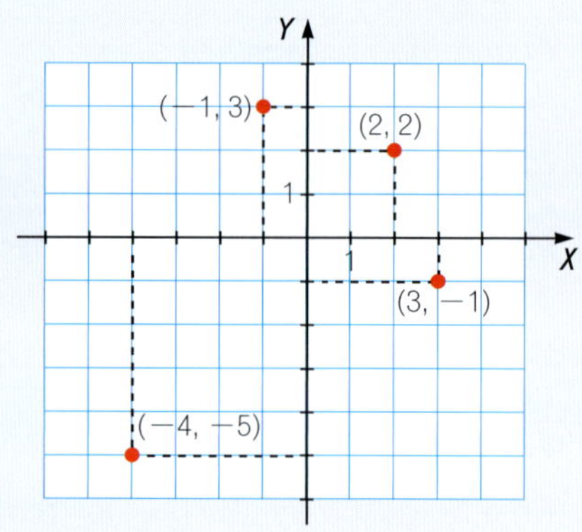

2. CALCULAR LAS COORDENADAS DE UN PUNTO REPRESENTADO EN UN SISTEMA DE COORDENADAS CARTESIANAS

Determina las coordenadas de estos puntos.

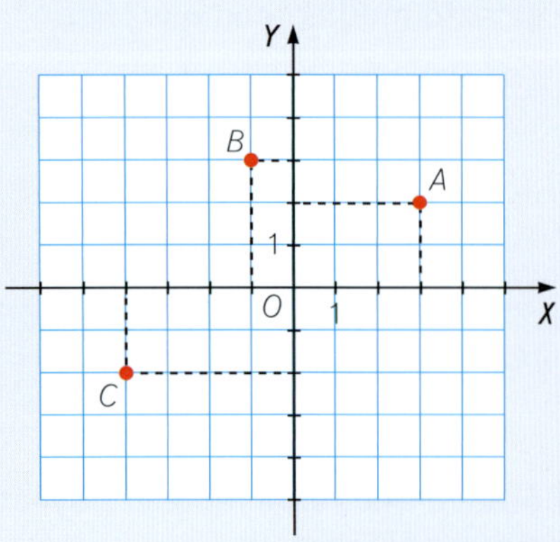

PRIMERO. Trazamos una recta perpendicular al eje *X* que pase por el punto. El punto de corte de esta recta con el eje *X* es la primera coordenada del punto.

Punto	Primera coordenada
A	3
B	−1
C	−4

SEGUNDO. Trazamos una recta perpendicular al eje *Y* que pase por el punto. El punto de corte de esta recta con el eje *Y* es la segunda coordenada del punto.

Punto	Segunda coordenada
A	2
B	3
C	−2

Los puntos representados son: *A*(3, 2), *B*(−1, 3) y *C*(−4, −2).

3. DETERMINAR LAS COORDENADAS DE UN PUNTO QUE PERTENECE A UNA FUNCIÓN

Dada la función $y = 2x - 3$, calcula el valor de y para $x = -1$.

PRIMERO. Sustituimos x por su valor en la ecuación de la función.

Para $x = -1$:

$$y = 2x - 3 \xrightarrow{x = -1} y = 2 \cdot (-1) - 3 = -5$$

SEGUNDO. Interpretamos los resultados.

La primera coordenada es el valor de x, y la segunda, el valor de y.

4. DETERMINAR SI UN PUNTO PERTENECE A UNA FUNCIÓN

Dada la función $y = 2x - 3$, determina si el punto $A(-2, 0)$ pertenece a esta función.

PRIMERO. Sustituimos x por la primera coordenada del punto e y por la segunda coordenada en la ecuación de la función.

$$y = 2x - 3 \xrightarrow{x = -2,\, y = 0} 0 = 2 \cdot (-2) - 3 \rightarrow 0 \neq -7$$

SEGUNDO. Analizamos si la igualdad se cumple. En ese caso, el punto pertenece a la función.

El punto $A(-2, 0)$ no pertenece a la función.

5. REPRESENTAR FUNCIONES

Representa la función que relaciona la longitud del lado de un triángulo equilátero, x, con su perímetro, y.

PRIMERO. Calculamos, si es posible, la expresión general de la función. En este caso es $y = 3x$.

SEGUNDO. Construimos una tabla de valores.

x	0	1	2	3	...
$y = 3x$	0	3	6	9	...

TERCERO. Representamos los puntos de la tabla.

En esta ocasión, sí tiene sentido unir los puntos.

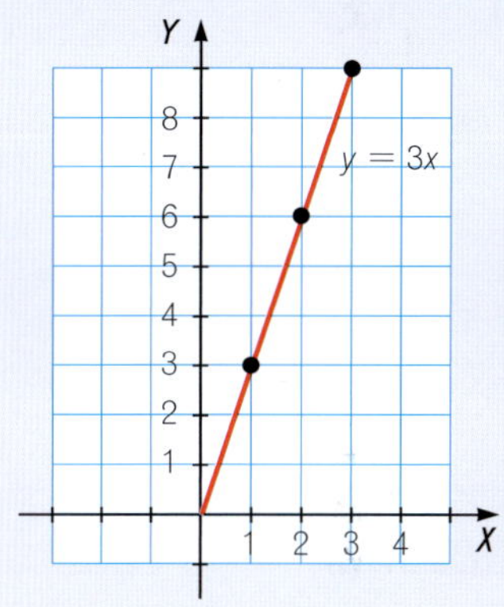

Y AHORA... PRACTICA

Comprende estas palabras

1. Dibuja unos ejes de coordenadas y representa el punto (3, 5).

Representar puntos

2. Decide en qué cuadrante se encuentra el punto (2, −1).

Calcular las coordenadas de un punto

3. ¿Cuáles son los puntos representados?

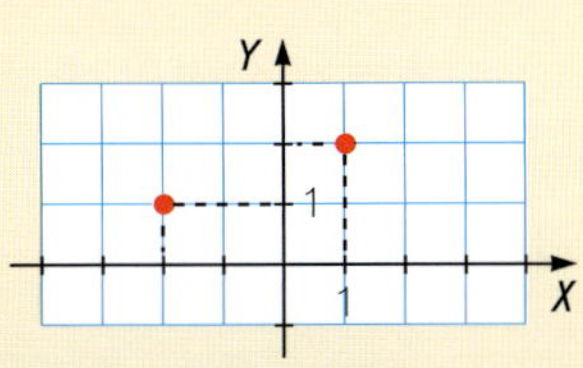

Determinar las coordenadas de un punto que pertenece a una función

4. Determina el valor de $y = x + 4$ para $x = 2$.

Determinar si un punto pertenece a una función

5. Determina si el punto $A(-1, 3)$ pertenece a la función $y = x + 4$.

Representar funciones

6. ¿Cuál de las gráficas corresponde a la función que asigna a cada número su opuesto?

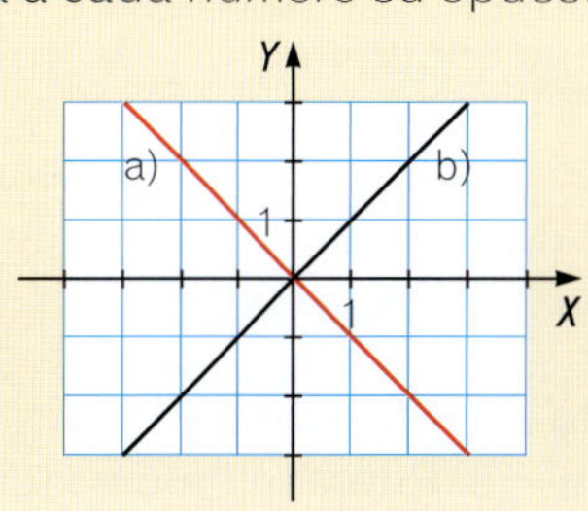

Actividades

COORDENADAS CARTESIANAS

46. ● Representa los siguientes números sobre una recta numérica horizontal.

−15 −7 −10 1

47. ● Representa estos números sobre una recta numérica vertical.

−15 −7 10 1

48. ● Representa los números.

−4 7 −11 0

a) En una recta numérica horizontal.

b) En una recta numérica vertical.

49. ● Sitúa cada punto en el cuadrante que corresponda.

(2, 4)	(5, −8)	(3, 1)
(−9, 0)	(−6, −4)	(0, −3)

50. ● Representa en tu cuaderno los puntos y únelos ordenadamente.

$P_1(4, 5)$	$P_7(1, -1)$	$P_{13}(10, 2)$
$P_2(3, 4)$	$P_8(-2, -4)$	$P_{14}(11, 0)$
$P_3(2, 4)$	$P_9(-2, -7)$	$P_{15}(9, -1)$
$P_4(1, 5)$	$P_{10}(8, -7)$	$P_{16}(3, -1)$
$P_5(-1, 3)$	$P_{11}(12, -3)$	$P_{17}(6, 1)$
$P_6(-1, 1)$	$P_{12}(12, 1)$	$P_{18}(6, 3)$

51. ● Representa en tu cuaderno estos puntos y únelos ordenadamente.

$P_1(14, 14)$	$P_7(0, -10)$	$P_{13}(-12, 2)$
$P_2(15, 9)$	$P_8(-2, -8)$	$P_{14}(-7, 6)$
$P_3(11, 5)$	$P_9(6, -7)$	$P_{15}(-8, -2)$
$P_4(7, 5)$	$P_{10}(2, -12)$	$P_{16}(-10, 0)$
$P_5(-6, -8)$	$P_{11}(-7, -12)$	$P_{17}(-10, -4)$
$P_6(-4, -10)$	$P_{12}(-12, -7)$	$P_{18}(-8, -6)$

52. ● Un punto tiene abscisa 7 y ordenada 8. Representa dicho punto e indica en qué cuadrante se encuentra.

53. ● Un punto tiene abscisa 4 y ordenada −12. Represéntalo y señala el cuadrante en el que se sitúa.

54. ● Un punto tiene abscisa −11 y ordenada −8. Represéntalo e indica en qué cuadrante se localiza.

55. ● Indica las coordenadas cartesianas de los siguientes puntos:

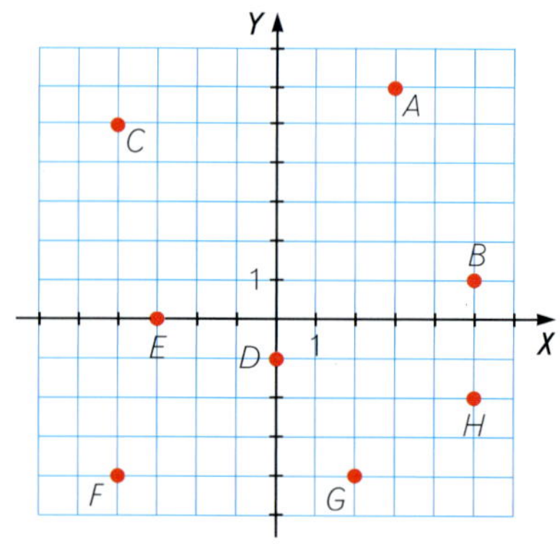

56. ● Dados los puntos de la gráfica, señala cuáles son sus coordenadas.

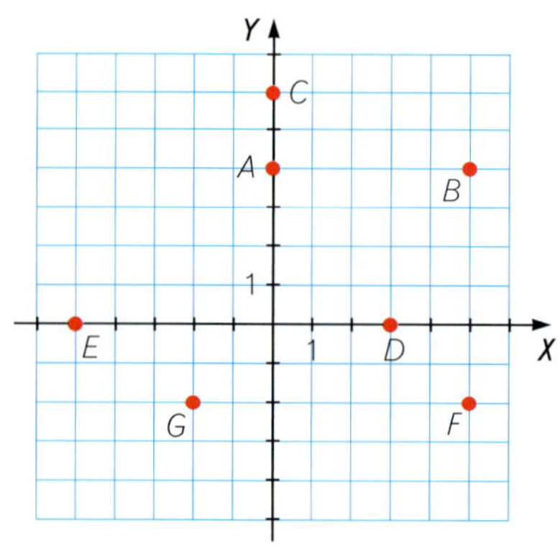

57. ●● El punto de la figura es uno de los vértices de un cuadrado con los lados verticales y horizontales y 6 unidades de lado. Determina las coordenadas de todos los vértices.

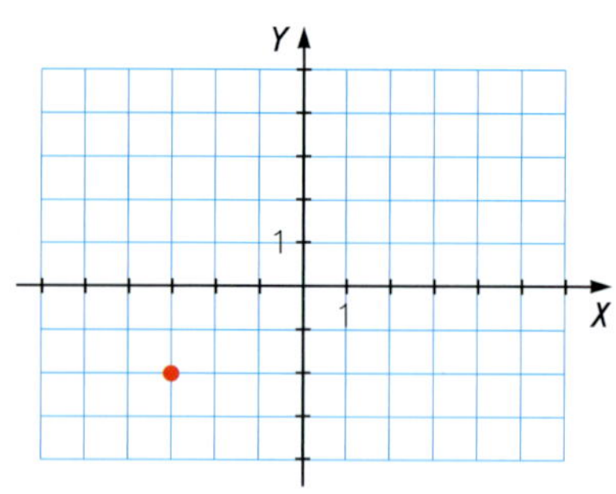

58. ●● Dibuja los ejes de coordenadas para que el punto sea $A(-2, -1)$.

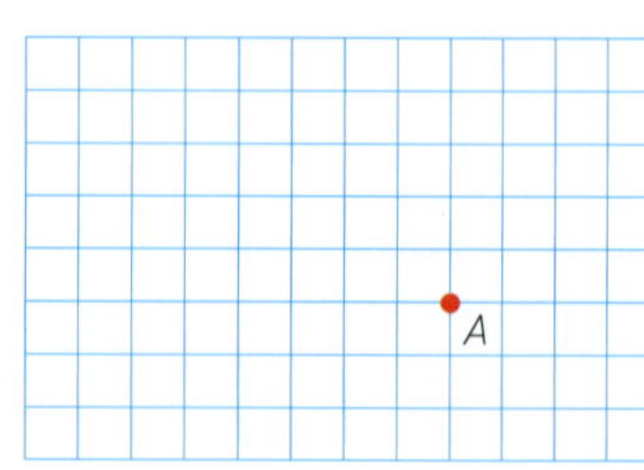

FUNCIONES

59. ● **Dado el conjunto inicial {3, 5, 7, 9}, halla el conjunto final si a cada número le asociamos:**

a) Su doble más 1.
b) Su mitad.
c) Su cuádruple.
d) Su cuadrado.

60. ● **Construye una tabla de cinco valores para cada una de las funciones.**

a) $y = 2x + 6$
b) $y = \frac{2x - 4}{2}$
c) $y = x^2 - 7$
d) $y = 2x^2 + 6$

61. ● **Haz una tabla para los valores comprendidos entre −3 y 3 para las funciones.**

a) $y = x - 6$
b) $y = 2x - 4$
c) $y = x^2 - 4$
d) $y = -4x - 3$

62. ● **Dada la función $y = -x + 3$:**

a) Haz una tabla de valores.
b) Represéntala gráficamente.
c) ¿Pertenece el punto (3, −1) a la función?

63. ● **Indica a cuál de las siguientes funciones pertenece el punto (5, −2).**

a) $y = 2x - 4$
b) $y = x^2 - 27$
c) $y = -x + 3$
d) $y = 2x - 3$

HAZLO ASÍ

¿CÓMO SE HALLA LA ECUACIÓN DE UNA FUNCIÓN?

64. **En una tienda de fotografías nos cobran 2 € por el revelado y 20 céntimos por cada fotografía. Haz una tabla donde se exprese el precio total de revelar 1, 2, 3... fotografías, y determina la ecuación de la función que relaciona las dos variables.**

PRIMERO. Se decide cuáles son la variable independiente y la variable dependiente. El número de fotografías es la variable independiente y su precio, la variable dependiente.

SEGUNDO. Se construye la tabla de valores que expresa la relación.

N.º de fotografías	1	2	3	4	…
Precio (€)	2,20	2,40	2,60	2,80	…

TERCERO. Se calcula la ecuación de la función que relaciona las variables.

$$y = 2 + 0{,}20x$$

65. ●● **Si las cerezas se venden a 3,25 €/kg:**

a) Escribe la expresión algebraica que relaciona el coste (y) en función de los kilos de cerezas (x).
b) ¿Cuál es la variable dependiente en esta expresión? ¿Y la variable independiente?
c) Haz una tabla y representa gráficamente sus pares de valores.

66. ●● **Una relación entre números enteros se expresa de la siguiente manera: «A cada número entero lo relacionamos con su doble más una unidad». Escribe la expresión de la función y completa la tabla.**

x	−2	−1	0		3	7	10
y				3			

67. ●● **Una persona observa la temperatura en un día cualquiera desde las 8 de la mañana hasta las 8 de la tarde.**

a) ¿Cuáles son las variables que intervienen?
b) ¿Es posible encontrar una expresión algebraica que relacione ambas magnitudes?

68. ●● **Un camión circula por la autopista a 25 m/s y, después, frena de manera gradual de forma que cada segundo disminuye su velocidad en 1,5 m/s. Haz una tabla que relacione la velocidad y el tiempo de frenado. Escribe la expresión de esa función.**

69. ●● **La gráfica muestra las precipitaciones en una localidad durante un año. En el eje de abscisas están representados los meses del año, y en el de ordenadas, las precipitaciones, en ℓ/m².**

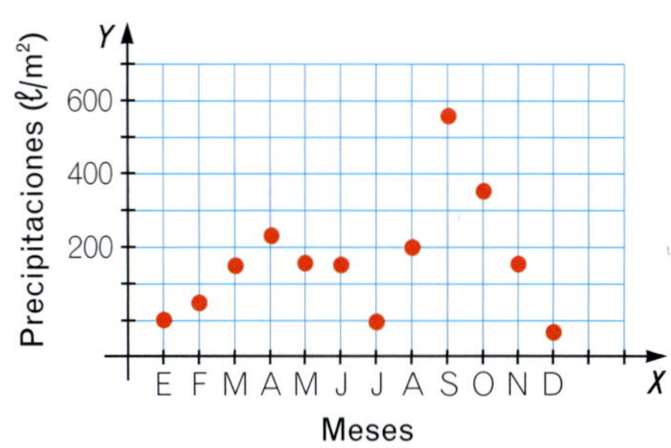

a) ¿Cuál fue el mes más lluvioso?
b) ¿Y el más seco?
c) ¿Qué mes tuvo unas precipitaciones de 300 ℓ/m²?
d) ¿Cuáles fueron las precipitaciones en enero?
e) ¿En qué estación se produjeron más precipitaciones?

PROBLEMAS CON FUNCIONES

70. ●● El precio de una bebida es 1,75 €/ℓ.

a) Construye una tabla que relacione el número de litros con el precio.

b) Indica cuáles son las variables independiente y dependiente.

c) Representa los datos gráficamente.

71. ●● La siguiente tabla refleja el número de asistentes en un cine durante los días laborables de una semana.

Día	1	2	3	4	5
Asistentes	150	280	140	420	750

Representa los datos en un sistema de coordenadas cartesianas y dibuja la gráfica.

72. ●● Un globo sonda mide la temperatura de la atmósfera a distintas alturas. Se comprueba que, cada 200 m de ascensión, la temperatura disminuye 1 °C.

a) Construye una tabla de valores para la función que determina este experimento.

b) Dibuja la función en una gráfica.

c) ¿Qué temperatura habrá si ascendemos a 1 000 m?

73. ●● El precio de una carrera de taxi es 1,20 € de bajada de bandera y medio céntimo por cada segundo.

a) Construye una tabla con diferentes valores para la relación *Tiempo–Precio*.

b) Representa los valores en una gráfica.

74. ●● Dos ciclistas salen en la misma dirección. Uno parte de una ciudad con una velocidad media de 20 km/h. El otro sale de una ciudad situada a 10 km de distancia de la primera, al mismo tiempo y con igual velocidad.

a) Realiza una tabla para cada uno de los ciclistas, y representa los datos en dos gráficas distintas.

b) Representa ambas gráficas en los mismos ejes de coordenadas.

c) ¿Qué relación hay entre las funciones?

75. ●● Un río tiene riesgo de desbordarse e inundar un pueblo si el agua alcanza 270 cm de altura. En la tabla aparecen las medidas del nivel del río, tomadas entre las 6:00 horas y las 18:00 horas.

Tiempo (h)	6	8	10	12	14	16	18
Altura (cm)	180	210	240	245	255	265	250

a) Haz una gráfica que refleje la crecida del río.

b) Averigua cuál es la variable independiente y la dependiente.

c) ¿Ha sido inundado el pueblo?

d) ¿A qué hora se ha tenido más riesgo de inundación?

76. ●● En un partido de baloncesto se elabora una tabla con los puntos marcados por cada equipo. Antes de llegar al final del 2.° cuarto tenemos la siguiente tabla:

Minuto	4	6	8	10	12	14	16
Equipo *A*	10	12	15	18	20	22	24
Equipo *B*	6	8	14	18	18	24	26

a) Haz las gráficas de ambos equipos (la del equipo *A* en azul y la del equipo *B* en rojo).

b) Realiza un resumen del partido a la vista de la gráfica.

77. ●● Observa la gráfica que representa el paseo que ha dado Julio: ha salido de casa, ha ido a comprar y ha regresado.

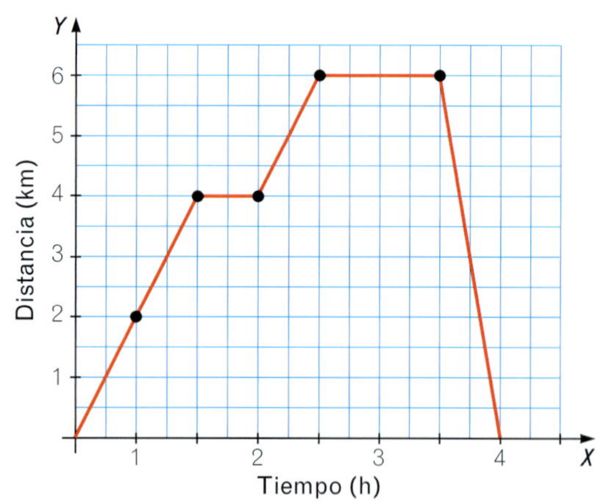

a) ¿Qué variables están representadas?

b) ¿Cuánto tiempo ha durado el paseo?

c) ¿Cuál es la distancia más lejana a la que ha ido?

d) ¿Cuándo ha caminado más rápido, a la ida o a la vuelta?

e) ¿Qué crees que significan los tramos horizontales?

78. ●● **La siguiente gráfica expresa la relación entre los minutos y los kilómetros que José ha recorrido durante una hora, caminando y montando en bicicleta en línea recta.**

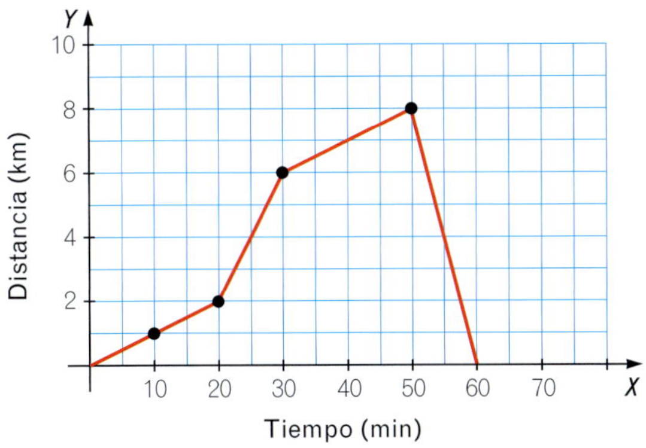

a) ¿Cuántos kilómetros ha caminado?

b) ¿Y cuántos ha hecho en bicicleta?

c) ¿Cuánto tiempo ha caminado?

d) ¿Y cuánto ha montado en bicicleta?

79. ●● **Tenemos un trozo de hielo a 10 grados bajo cero (−10 °C) y lo calentamos.**

- **Durante 12 minutos la temperatura sube uniformemente hasta 0 °C.**
- **Después, comienza a derretirse durante 30 minutos sin aumentar su temperatura.**
- **Una vez que el hielo se transforma en agua a 0 °C, se calienta durante 15 minutos y alcanza una temperatura de 10 °C.**

a) Dibuja una gráfica que muestre el proceso.

b) Averigua a qué temperatura estará el agua después de 20 y 40 minutos.

80. ● **Un automóvil circula por una autopista a una velocidad constante de 120 km/h.**

a) Haz una tabla de valores donde se relacionen el tiempo y la distancia recorrida.

b) Averigua su expresión algebraica.

c) Representa la función.

81. ●●● **La empresa LA RAUDA alquila sus autobuses por 300 € diarios.**

Haz una tabla que relacione cuánto tiene que pagar cada pasajero en función del número de personas que viajen en el autobús. ¿Cuál es la expresión algebraica que relaciona ambas magnitudes?

INVESTIGA

82. ●●● **Las siguientes figuras tienen la misma base, pero diferentes forma y altura. La gráfica representa el área en función de la altura. Identifica los puntos con las figuras *A*, *B*, *C* y *D*.**

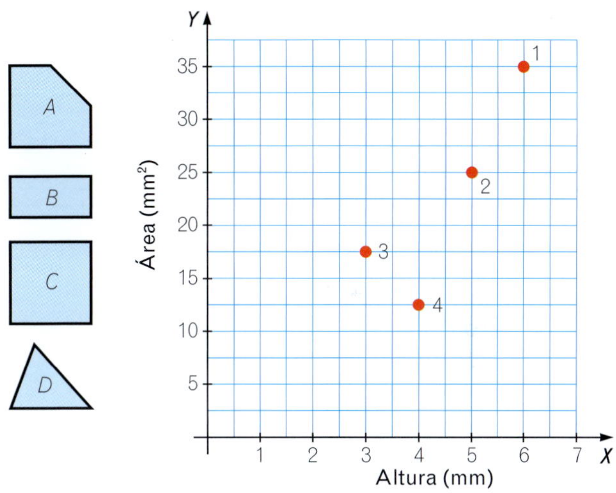

83. ●●● **María empieza a correr desde *J* en este sentido: *J* - *K* - *L* - *M* - *J* - ...**

¿Qué gráfica representa la distancia en cada instante al punto de partida?

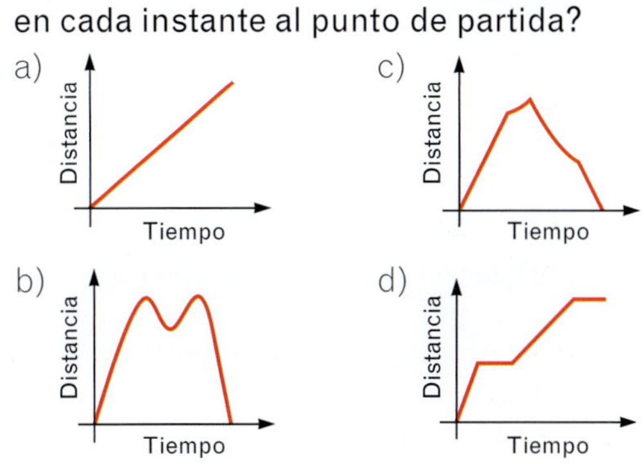

Pon a prueba tus capacidades

84. ●●● En un laboratorio están estudiando la propagación de una enfermedad en una población de animales.

Para ello, cada día se ha anotado el número de animales infectados y se ha observado que, a partir de cierta cantidad, el número de animales permanece estable.

Los datos obtenidos se representan en esta gráfica:

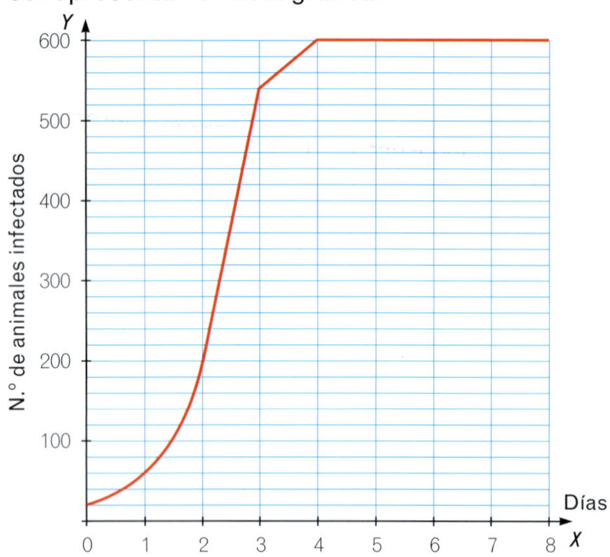

ERES CAPAZ DE... COMPRENDER

a) Observa la gráfica y realiza una tabla con los datos obtenidos.

Día	0	1	2	3	4	5	6	7	8
N.º de infectados									

ERES CAPAZ DE... RESOLVER

b) A la vista de esta tabla, realiza un informe sobre el comportamiento de la enfermedad:

- Número de animales infectados con el que comienza el experimento.
- Número de animales infectados necesarios para que se estabilice la enfermedad, y día en el que se estabiliza.
- Relación entre los días y el número de infectados, y el número de infectados en el 4.º, 5.º y 6.º días si esta relación se mantiene.

ERES CAPAZ DE... DECIDIR

c) En otra población se han detectado hace 2 días 5 animales infectados por la misma enfermedad. Si en ese momento se dispone de 175 antídotos, ¿crees que son suficientes para erradicar la enfermedad?

85. ●●● Damián, Ruth, Luis y Amanda utilizan la bicicleta o la moto para ir desde su casa a la playa.

ERES CAPAZ DE... COMPRENDER

a) Si dibujamos una gráfica para cada uno de los amigos en la que la variable independiente sea el tiempo, y la dependiente, la distancia, ¿cómo se indicará que Ruth ha tenido que volver a casa?

b) ¿Cómo se representará que Luis ha seguido andando después de quedarse sin gasolina?

ERES CAPAZ DE... RESOLVER

c) Si las gráficas que representan los trayectos son las siguientes, ¿cuáles corresponden a los viajes de Ruth, Luis y Damián?

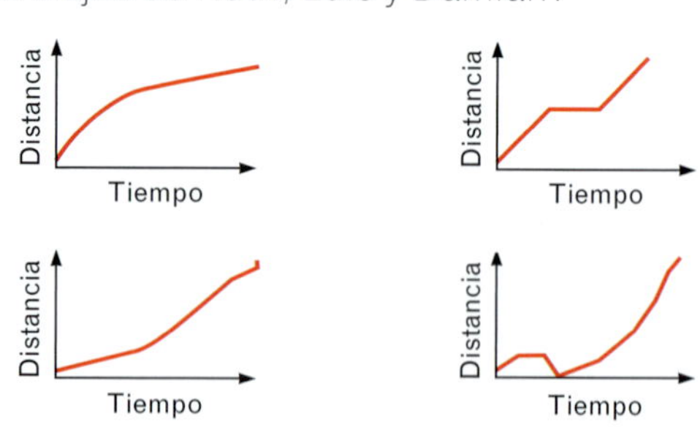

ERES CAPAZ DE... DECIDIR

d) ¿Qué crees que dijo Amanda sobre su trayecto?

Matemáticas con ordenador

OpenOffice. CALC
es.openoffice.org

Realiza la representación gráfica de la función $y = 2x - 1$.

1. Anotamos en la columna **A** valores para la variable x, utilizando la columna **B** para los valores de la función, y.

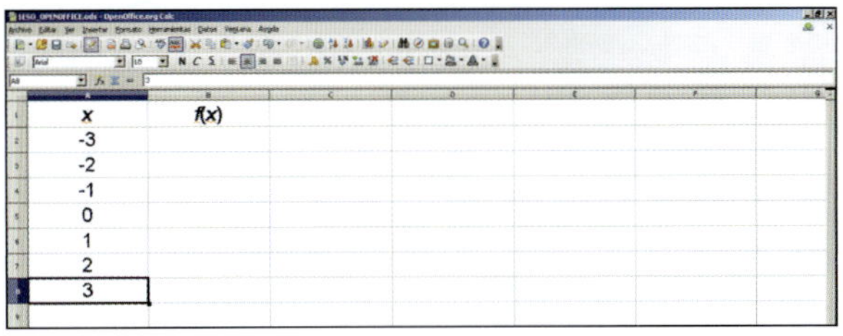

2. Escribimos **=2*A2−1** en la celda **B2**, para calcular el valor de y, y pegamos después el contenido de **B2** en el resto de la columna.

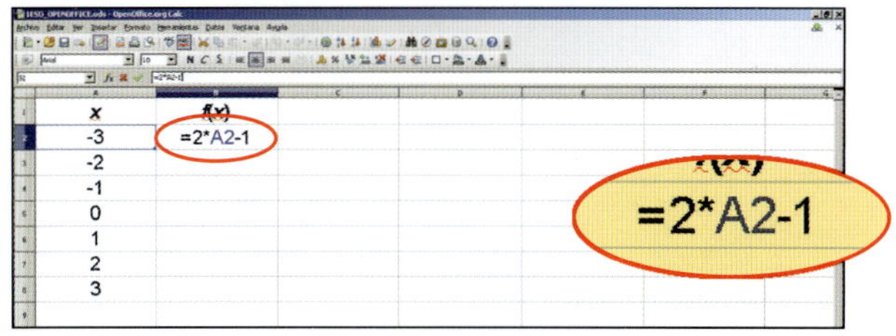

3. Seleccionamos las columnas **A** y **B**, y en el menú **Insertar** elegimos la opción **Gráfico...**

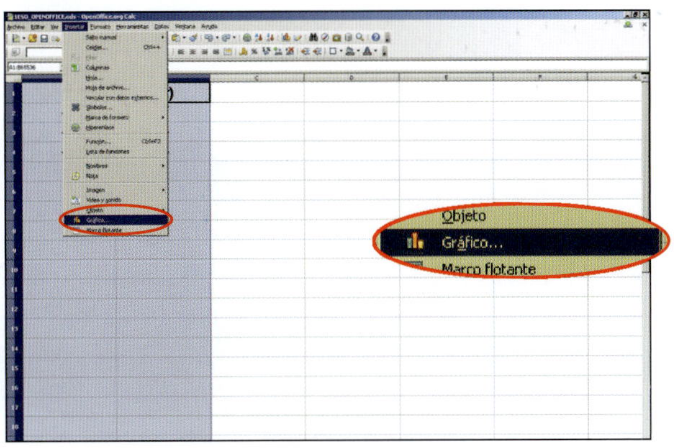

4. En el Asistente de gráficos seleccionamos **XY (dispersión)**, y como subtipo marcamos la opción **Puntos y líneas**.

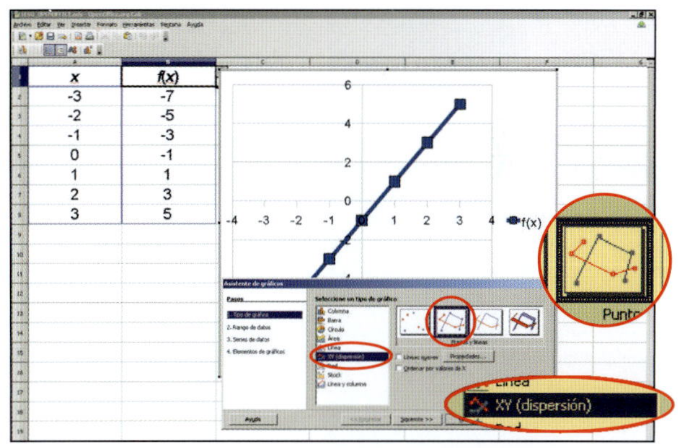

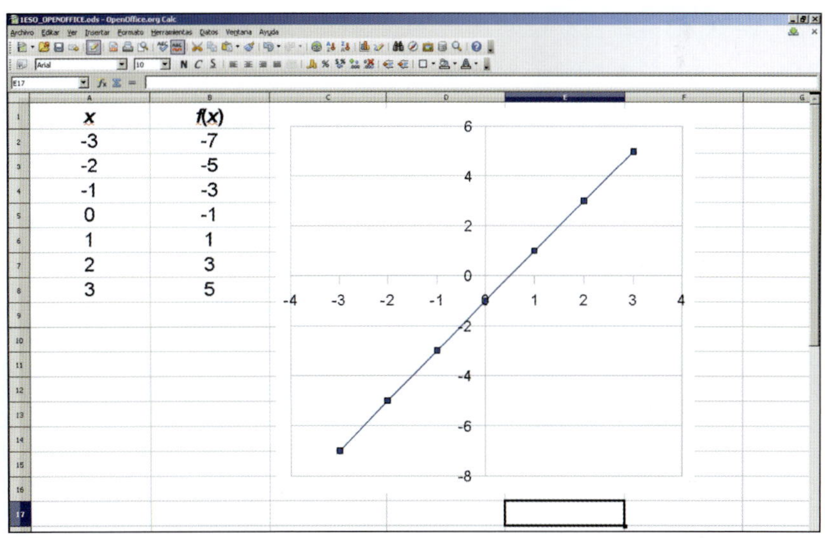

ACTIVIDADES

PRACTICA

1. Realiza la representación gráfica de las siguientes funciones.

a) $y = x + 2$
b) $y = 3x$
c) $y = -x + 3$
d) $y = 2 - x$

INVESTIGA

2. Representa, para distintos valores del número a, la función $y = ax$.

Comprueba que si $a < 0$ la función es decreciente, y si $a > 0$ la función es creciente.

14 Estadística y Probabilidad

El matemático y el emperador

El azar, o quizás la Providencia, fue quien en 1785 puso ante Pierre Simon Laplace, siendo profesor en la Escuela Militar de París, a un joven de 16 años que destacaba en Matemáticas y que, en el futuro, se convertiría en el hombre más poderoso de Europa, Napoleón Bonaparte.

Ahora las tornas habían cambiado, era Laplace quien presentaba un trabajo sobre mecánica celeste al emperador de Francia.

–Monsieur Laplace, ha escrito este libro sobre las leyes del universo sin haber mencionado ni una sola vez a su creador.

–Sire, es que no he necesitado esa hipótesis –repuso el matemático.

La respuesta hizo que el emperador mostrase una de sus escasas sonrisas y, después, continuó con la audiencia.

Diez años después de este suceso, Laplace publicó la obra *Teoría analítica de las probabilidades*, que él llamaba *La geometría del azar*.

Al recibir el libro, Laplace se paró a pensar precisamente en el azar, esa cualidad que tienen los experimentos de no ser predeterminados, y cómo él los había atado a leyes matemáticas.

DESCUBRE LA HISTORIA...

1. Busca información sobre la vida de Pierre Simon Laplace, matemático francés que realizó importantes estudios sobre probabilidad.
2. La lectura narra la presentación de Laplace a Napoleón de su *Tratado sobre mecánica celeste*. Investiga cuándo y cómo se produjo este acontecimiento.
3. Averigua qué otros trabajos realizó Laplace relacionados con las matemáticas.

Antes de empezar la unidad...

CONVIENE QUE...
Sepas cómo se **dibujan ángulos**.

PORQUE...
Lo utilizaremos para **realizar gráficos estadísticos**.

Dibujar ángulos

Para dibujar un ángulo de 60°:

- Colocamos el transportador sobre una recta, haciendo coincidir el vértice del transportador con un punto marcado en la recta.

- Hacemos una marca en 60°.
- Utilizando una regla, unimos el vértice del ángulo con la marca efectuada.

CONVIENE QUE...
Recuerdes lo que es un **sector circular**.

PORQUE...
Nos será útil para **realizar gráficos estadísticos**.

Sector circular

Un sector circular es la parte del círculo limitada por dos radios y su arco correspondiente.

Para dibujar un sector circular hay que conocer la longitud del radio y el ángulo que abarca el sector circular.

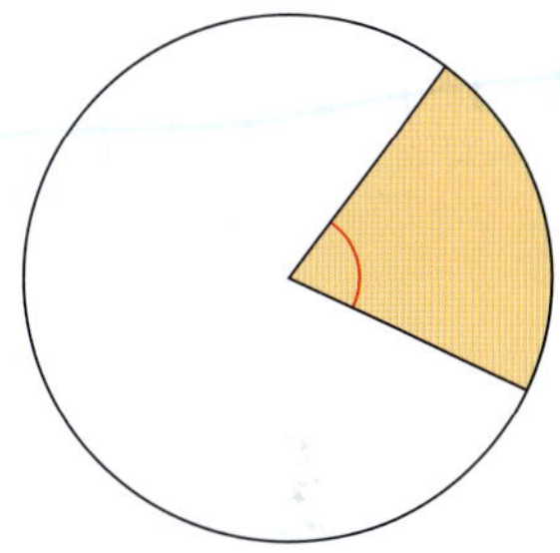

CONVIENE QUE...
Estés habituado a **comparar fracciones**.

PORQUE...
Nos servirá para decidir si un **suceso es más o menos probable que otro**.

Comparar fracciones

Para comparar fracciones se reducen a común denominador y, después, se comparan los numeradores de las fracciones resultantes.

Si se quieren comparar las fracciones $\frac{2}{3}, \frac{4}{5}$ y $\frac{5}{6}$:

m.c.m. (3, 5, 6) = 30

$$\frac{2}{3} = \frac{20}{30}, \frac{4}{5} = \frac{24}{30} \text{ y } \frac{5}{6} = \frac{25}{30}, \text{ luego: } \frac{2}{3} < \frac{4}{5} < \frac{5}{6}$$

EVALUACIÓN INICIAL

Dibujar ángulos

1. Dibuja estos ángulos utilizando el transportador.

a) 30° c) 150°
b) 45° d) 180°

Sector circular

2. Dibuja los siguientes sectores circulares en una circunferencia de 2 cm de radio.

a) De amplitud 60°. b) De amplitud 110°.

Comparar fracciones

3. Ordena, de menor a mayor, estas fracciones.

a) $\frac{3}{4}, \frac{12}{5}, \frac{4}{6}$ b) $\frac{4}{3}, \frac{14}{20}, \frac{7}{5}$

PLAN DE TRABAJO

En esta unidad aprenderás a...

- Reconocer los elementos de un estudio estadístico.
- Realizar tablas de frecuencias.
- Interpretar y representar datos mediante gráficos.
- Distinguir entre experimento aleatorio y determinista.
- Hallar la probabilidad de un suceso.

1 Estadística

La **Estadística** es la ciencia que se ocupa de recoger y ordenar datos referidos a diversos fenómenos, para su posterior análisis e interpretación.

Población y muestra

Vamos a aprender el significado de algunos términos utilizados frecuentemente en los estudios estadísticos.

- **Población:** es el conjunto formado por todos los elementos del estudio estadístico.
- **Muestra:** es la parte de la población que estudiamos y que nos sirve para deducir características de la población.
- **Individuo:** es cada uno de los elementos que forman la población o la muestra. Al número de individuos que componen una muestra se le llama **tamaño de la muestra**.
- **Variable estadística:** es cualquier cualidad que estudiamos en los individuos de la muestra o la población.

EJEMPLO

1 Los alumnos de 1.° ESO matriculados en España son un total de 136 559. Para realizar un estudio estadístico sobre su peso, altura y edad, se seleccionan 300 alumnos de diferentes centros escolares.

- Población: los 136 559 alumnos matriculados.
- Muestra: los 300 alumnos seleccionados de los diferentes centros.
- Individuo: cada alumno matriculado en 1.° ESO.
- Tamaño de la muestra: 300 alumnos.
- Variables estadísticas: el peso, la altura y la edad.

EJERCICIOS

PRACTICA

1 En un estudio sobre la edad a la que se caen los dientes de leche, hemos escogido 50 niños de nuestra comunidad. Determina:

a) La población.
b) La muestra y su tamaño.
c) Los individuos.
d) La variable estadística.

APLICA

2 Di cómo realizarías un estudio sobre los gustos musicales de los alumnos de ESO. Especifica la población, la muestra y algunos valores que puede tomar la variable estadística.

REFLEXIONA

3 Señala en qué caso es más conveniente estudiar la población o una muestra. Razona tu respuesta.

a) La longitud de los tornillos que fabrica una máquina de manera continua durante un día.
b) La estatura de los turistas extranjeros que visitan España en un año.
c) El peso de un grupo de cinco amigos.
d) La duración de una bombilla hasta que se funde.
e) El sueldo de los empleados de una empresa.

¿Qué variable se estudia en cada caso?

2 Tipos de variables

Según sean sus valores, las variables estadísticas pueden ser:

Tipos	Propiedades	Ejemplos
Cualitativas	Los valores de la variable no son números, sino cualidades.	• Género literario (*novela, teatro…*). • Sexo (*mujer, hombre*).
Cuantitativas	Los valores que toma la variable son números.	• N.º de páginas de un libro. • Altura.

Las variables cuantitativas se clasifican en:

Cuantitativas	Propiedades	Ejemplos
Discretas	En cada tramo, la variable solo puede tomar un número determinado de valores.	• N.º de páginas de un libro: puede tener 210 o 211, pero no 210,5 ni 210,3…
Continuas	En cada tramo, la variable puede tomar infinitos valores.	• Altura: entre 1,70 y 1,80 m, la altura puede ser 1,71 m; 1,715 m; 1,767 m…

EJEMPLO

2 **Clasifica estas variables estadísticas y pon ejemplos de los valores que pueden tomar.**

a) **Raza de un perro** → Cualitativa: no toma valores numéricos.

Raza = {*Pequinés, cocker…*}

b) **Peso al nacer** → Cuantitativa continua: toma valores numéricos y, en cada tramo, puede tomar infinitos valores.

Peso al nacer = {*2 kg; 3 kg; 3,22 kg…*}

c) **Lugar que se ocupa en una fila** → Cuantitativa discreta: toma valores numéricos, y en cada tramo solo toma un número determinado de valores.

Lugar en una fila = {*1, 2, 3, 4…*}

EJERCICIOS

PRACTICA

4 **Clasifica las siguientes variables estadísticas.**

a) Marca de un teléfono.
b) Color de ojos.
c) Deporte favorito.
d) Altura.
e) Edad.
f) Nombre.

APLICA

5 **Escribe tres variables cualitativas, tres cuantitativas continuas y otras tres cuantitativas discretas.**

REFLEXIONA

6 **Para clasificar los perros abandonados, los empleados de la perrera rellenan una ficha con los siguientes datos.**

a) Raza.
b) Edad.
c) Alzada (cm).
d) Peso (kg).
e) Sexo.
f) Color de pelo.
g) Nivel de adiestramiento.
h) Nivel de peligrosidad.

Clasifica las variables. ¿Existe alguna variable que sea cualitativa y cuantitativa a la vez?

3 Frecuencias. Tablas de frecuencias

3.1 Recuento de datos

En un estudio estadístico, después de recoger los datos hay que contarlos y agruparlos.

- Si la variable es cuantitativa, se ordenan los valores en orden creciente y se anota el número de veces que aparece cada uno.
- Si es cualitativa, se escribe cada valor (modalidad) y se anota el número de veces que aparece cada uno de ellos.

EJEMPLOS

3 Anotamos el número de hermanos que tienen los 50 alumnos de dos clases de 1.º ESO. Realiza el recuento.

N.º de hermanos

1 3 1 4 2	1 2 1 3 2
2 1 3 1 0	2 3 2 1 1
3 2 0 4 2	1 0 1 2 3
1 1 4 2 1	3 1 2 3 2
0 1 0 2 3	2 1 0 3 2

→

Recuento

0	𝍸 /	6
1	𝍸 𝍸 𝍸 /	16
2	𝍸 𝍸 𝍸	15
3	𝍸 𝍸	10
4	///	3

4 Después de preguntar a 40 alumnos sobre su deporte favorito, obtenemos estos resultados. Realiza el recuento.

F = fútbol T = tenis Bm = balonmano
B = baloncesto A = atletismo

Deporte favorito

F F F B	B T T Bm
A B B B	Bm T A F
F B B Bm	A Bm B B
F F T A	A A A A
T A B B	A F B T

→

Recuento

F	𝍸 ///	8
B	𝍸 𝍸 //	12
T	𝍸 /	6
A	𝍸 𝍸	10
Bm	////	4

EJERCICIOS

PRACTICA

7 Realiza un recuento de estas calificaciones:

3 2 7 1 9 5 3 4 5 6 7 8 4 5 6
7 4 5 7 3 6 8 9 7 5

8 Después de lanzar 20 veces una moneda, los resultados (C = cara, + = cruz) han sido:

C C + C + + + + + C
C + C C + C C + C +

Efectúa un recuento y organiza los datos.

APLICA

9 Lanza un dado 20 veces y anota los resultados. Después, haz un recuento y organiza los datos obtenidos. ¿Cuál es la variable que estás estudiando?

REFLEXIONA

10 Vuelve a realizar el experimento anterior, y clasifica los resultados en números pares o impares. ¿De qué tipo es ahora la variable?

3.2 Frecuencia absoluta y frecuencia relativa

- La **frecuencia absoluta** de un dato estadístico es el número de veces que se repite. Se representa por f_i.

  f_i es la frecuencia absoluta del valor x_i.

  La suma de las frecuencias absolutas de un conjunto de datos estadísticos es el número total de datos. Esto se representa así:

  $$f_1 + f_2 + \ldots + f_n = N$$

- La **frecuencia relativa** es el cociente entre la frecuencia absoluta y el número total de datos. Se representa por h_i.

  h_i es la frecuencia relativa del valor x_i.

  La suma de las frecuencias relativas de un conjunto de datos estadísticos es igual a la unidad. Esto se representa así:

  $$h_1 + h_2 + \ldots + h_n = 1$$

Los datos y las frecuencias se pueden organizar en una **tabla de frecuencias** colocando los datos en la primera columna y las frecuencias en las siguientes columnas.

EJEMPLO

5 Construye la tabla de frecuencias a partir del recuento.

Recuento

0	𝍸 |
1	𝍸 𝍸 𝍸 |
2	𝍸 𝍸 𝍸
3	𝍸 𝍸
4	|||

→

Dato x_i	Frecuencia absoluta f_i	Frecuencia relativa h_i
0	6	$\frac{6}{50} = 0{,}12$
1	16	$\frac{16}{50} = 0{,}32$
2	15	$\frac{15}{50} = 0{,}3$
3	10	$\frac{10}{50} = 0{,}2$
4	3	$\frac{3}{50} = 0{,}06$
	$N = 50$	Total $= 1$

EJERCICIOS

PRACTICA

11 En una clase de 24 alumnos de 1.º ESO, las calificaciones obtenidas en el último examen de Matemáticas han sido:

4 6 7 3 6 8 5 9 7 5 8 7
5 4 7 8 4 6 5 8 7 3 10 7

Forma una tabla con el recuento de datos, y calcula las frecuencias de los valores que toma su variable.

APLICA

12 Anota el color del pelo de tus compañeros, y realiza una tabla de frecuencias.

REFLEXIONA

13 Completa la siguiente tabla, sabiendo que el número de suspensos es 4.

Nota	S	A	Not	Sob	Total
Frecuencia f_i		8	6		22

4 Gráficos estadísticos

Además de las tablas de frecuencias, otra forma de organizar los datos es mediante las representaciones gráficas. Los **gráficos estadísticos** nos permiten captar de inmediato las características más relevantes de un estudio estadístico.

4.1 Diagrama de barras

Se utiliza cuando queremos representar frecuencias de variables que tomen pocos valores.

- En el eje horizontal representamos los valores de la variable.
- En el eje vertical, las frecuencias.

La frecuencia que corresponde a cada dato se representa por una barra. Las alturas de las barras son proporcionales a las correspondientes frecuencias.

EJEMPLO

6 Representa mediante un diagrama de barras los valores que hemos recogido en la siguiente tabla:

Deportes	Frecuencia f_i
Fútbol	8
Baloncesto	12
Tenis	6
Atletismo	10
Balonmano	4

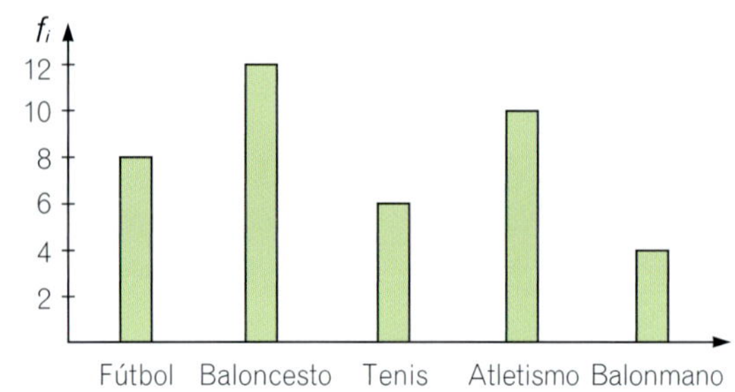

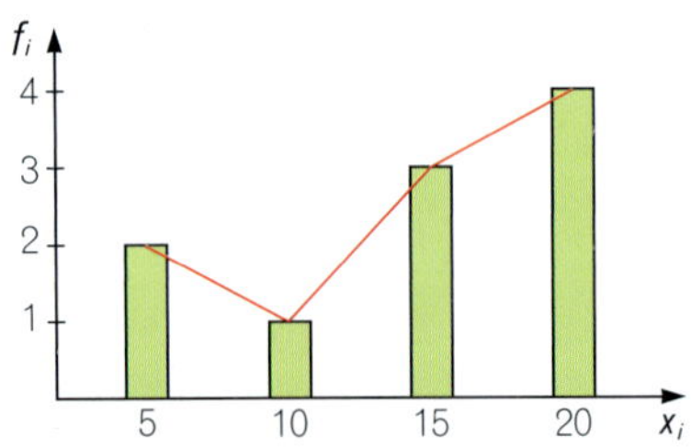

Cuando la variable es cuantitativa, los extremos superiores de las barras se pueden unir mediante líneas, obteniendo una línea poligonal que se llama **polígono de frecuencias**.

EJERCICIOS

PRACTICA

14 Realiza un diagrama de barras con el número de macetas que tienen 100 viviendas.

N.° de macetas	0	1	2	3	4
N.° de viviendas	10	14	18	25	33

¿Se puede trazar el polígono de frecuencias?

APLICA

15 El color de pelo de 30 personas es:

M = moreno R = rubio P = pelirrojo

M R P M M M M R R P P M M M M
M M P R R R P M M M M R M M M

Organiza los datos en un diagrama de barras.

REFLEXIONA

16 Este gráfico representa las frecuencias absolutas de un examen de 5 preguntas.

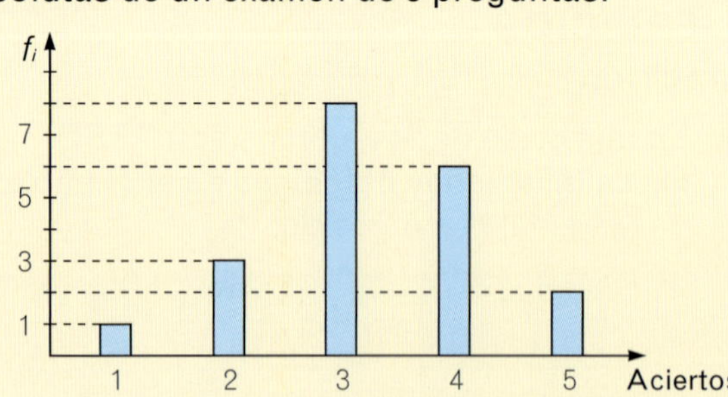

a) ¿Qué tipo de variable estamos estudiando?

b) Construye la tabla correspondiente a partir del gráfico.

4.2 Diagrama de sectores

El diagrama de sectores se puede utilizar para cualquier tipo de variable.

- Los datos se representan en un círculo, dividido en sectores. Cada sector representa un valor de la variable.
- La amplitud de un sector, su ángulo, es proporcional a la frecuencia del dato que representa:

$$\text{Ángulo del sector circular} = \frac{f_i}{N} \cdot 360° = h_i \cdot 360°$$

EJEMPLO

7 Realiza un diagrama de sectores con los siguientes datos:

Deportes	Fútbol	Baloncesto	Tenis	Atletismo	Balonmano
Frecuencia f_i	8	12	6	10	4

Completamos la tabla con h_i, el porcentaje y la amplitud de cada sector.

Deportes	f_i	h_i	%	Amplitud (°)
Fútbol	8	0,2	20 %	$0{,}2 \cdot 360° = 72°$
Baloncesto	12	0,3	30 %	$0{,}3 \cdot 360° = 108°$
Tenis	6	0,15	15 %	$0{,}15 \cdot 360° = 54°$
Atletismo	10	0,25	25 %	$0{,}25 \cdot 360° = 90°$
Balonmano	4	0,1	10 %	$0{,}1 \cdot 360° = 36°$
	$N = 40$			

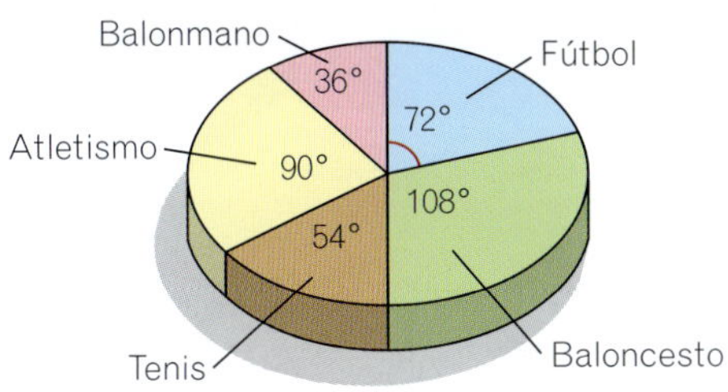

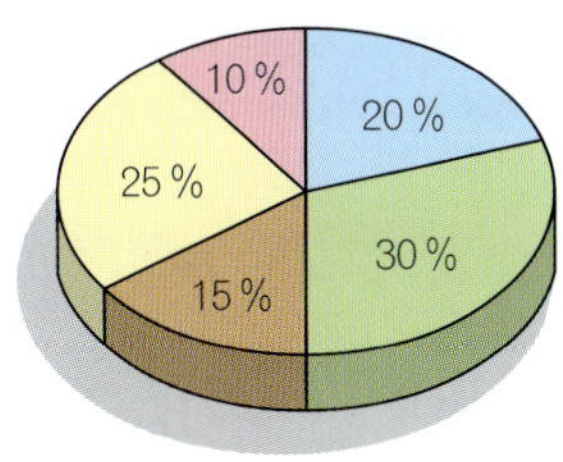

EJERCICIOS

PRACTICA

17 Haz un diagrama de sectores con estos datos:

Color	Rojo	Verde	Blanco
N.º de coches	150	84	126

APLICA

18 Dibuja un diagrama de barras y otro de sectores con los siguientes datos. ¿Cuál de las dos representaciones te parece más adecuada? ¿Por qué?

Música	Clásica	Pop	Rock
N.º de CD	125	78	52

REFLEXIONA

19 Este diagrama de sectores muestra las respuestas de un grupo de personas sobre el color de vehículo que prefieren.

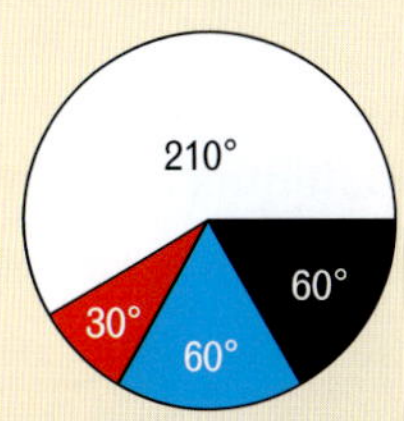

a) ¿Cuál es el color que prefiere la mayoría?

b) Si hemos entrevistado a 720 personas, ¿cuántas prefieren cada color?

5 Experimentos aleatorios

Cuando realizamos un experimento puede ocurrir que sepamos de antemano lo que va a ocurrir o que no lo sepamos.

Si lanzamos una moneda hacia arriba es seguro que la moneda caerá por efecto de la gravedad; sin embargo, no podemos predecir qué cara va a quedar visible.

Los experimentos, dependiendo de sus resultados, son:

- **Aleatorios** ⟶ No podemos predecir el resultado que se obtendrá al realizarlo, es decir, depende del azar.
- **Deterministas** ⟶ Conocemos de antemano el resultado que se va a producir.

EJEMPLO

8 Distingue entre experimento aleatorio y determinista.

a) Determinar el día de la semana que será mañana.

Conociendo el día de la semana que es hoy, podemos determinar con exactitud qué día será mañana. El experimento es determinista.

b) Anotar el color de una bola que extraemos al azar de una urna que contiene bolas rojas y bolas verdes.

Al extraer una bola, esta puede ser roja o verde, y de antemano no podemos conocer el color que va a salir. El experimento es aleatorio.

c) Lanzar una chincheta y comprobar cómo cae.

Al lanzar una chincheta, esta puede caer con el pico hacia arriba o hacia abajo. Antes de lanzarla no podemos saber cómo va a caer; por tanto, el experimento es aleatorio.

EJERCICIOS

PRACTICA

20 Clasifica los siguientes experimentos.

a) Calcular la longitud de tu mano.
b) Lanzar un dado y anotar el resultado.
c) Determinar el peso de un ladrillo.
d) Predecir la temperatura máxima de la semana que viene.
e) Determinar si mañana lloverá.

APLICA

21 Describe dos experimentos aleatorios y otros dos deterministas.

REFLEXIONA

22 ¿Puede existir algún experimento que sea aleatorio y determinista a la vez?
Razona tu respuesta con un ejemplo.

6 Sucesos. Espacio muestral

En los experimentos aleatorios no podemos predecir el resultado, es decir, hay más de un resultado posible al realizar el experimento.

Cada uno de los posibles resultados de un experimento aleatorio es un **suceso elemental**.

El conjunto de todos los sucesos elementales se llama **espacio muestral**, y se representa con la letra ***E***.

Un suceso es un **suceso compuesto** cuando contiene dos o más sucesos elementales.

SE ESCRIBE ASÍ

E → Espacio muestral

$\varnothing$ → Conjunto vacío (no hay ningún elemento)

EJEMPLO

9 **Define el espacio muestral, sus sucesos elementales y varios sucesos compuestos en los siguientes experimentos aleatorios.**

a) Lanzar un dado y anotar su resultado.

Los resultados que podemos obtener al tirar un dado son las puntuaciones: 1, 2, 3, 4, 5 o 6.

Espacio muestral ⟶ $E = \{1, 2, 3, 4, 5, 6\}$

Sucesos elementales → $\{1\}, \{2\}, \{3\}, \{4\}, \{5\}$ y $\{6\}$

Sucesos compuestos → «Obtener número par» $= \{2, 4, 6\}$

«Obtener número mayor que 3» $= \{4, 5, 6\}$

«Obtener divisor de 6» $= \{1, 2, 3, 6\}$

b) Lanzar dos monedas y anotar el número de caras.

Si lanzamos dos monedas al aire podemos obtener cara en las dos monedas, cara en una de ellas o ninguna cara.

Espacio muestral ⟶ E = {2 caras, 1 cara, 0 caras}

Sucesos elementales → {2 caras}, {1 cara} y {0 caras}

Sucesos compuestos → «Sacar alguna cara» = {2 caras, 1 cara}

«Sacar alguna cruz» = {1 cara, 0 caras}

«Sacar más de 1 cara» = {2 caras}

EJERCICIOS

PRACTICA

23 **En los siguientes experimentos aleatorios, determina su espacio muestral, sus sucesos elementales y dos sucesos compuestos.**

a) Extraer una bola de una urna que contiene 3 bolas rojas, 2 bolas verdes y 1 bola azul.

b) Extraer una carta de una baraja.

c) Lanzar dos dados y anotar la suma de sus puntuaciones.

d) Extraer una bola de una urna que contiene 5 bolas numeradas del 1 al 5.

APLICA

24 **Referidos a la extracción de una carta de la baraja española, clasifica los siguientes sucesos en elementales o compuestos.**

a) A = «Sacar el rey de oros»

b) B = «Sacar una carta de copas»

c) C = «No sacar un as»

REFLEXIONA

25 **Pon un ejemplo de experimento aleatorio cuyo espacio muestral tenga tres sucesos elementales.**

SE ESCRIBE ASÍ

$P(A)$ → Probabilidad del suceso A

7 Probabilidad

La **probabilidad**, **P**, de un suceso es un número comprendido entre 0 y 1 que indica la posibilidad de que ocurra dicho suceso. A mayor probabilidad, mayor será la posibilidad de que ocurra.

- Si la probabilidad de un suceso es igual a 1, decimos que es un **suceso seguro** porque siempre ocurre.
- Si la probabilidad de un suceso es 0, decimos que es un **suceso imposible** porque nunca ocurre.

Frecuencia y probabilidad

Si realizamos un experimento aleatorio un número elevado de veces, podemos calcular la probabilidad de un suceso asignándole la frecuencia relativa que le corresponde a dicho suceso.

$$P(A) \approx h_A$$

EJEMPLO

10 Calcula la probabilidad de sacar cara al lanzar una moneda.

Realizamos el experimento muchas veces y vamos anotando el número de caras que salen.

N.° de lanzamientos	N.° de caras f_i	Frecuencia relativa h_i
10	8	0,8
100	42	0,42
1 000	557	0,557
10 000	4 969	0,4969

$P(A) \approx h_A$ → A medida que aumentamos el número de lanzamientos, la frecuencia relativa se aproxima cada vez más a 0,5; por tanto, $P(\text{Cara}) \approx 0,5$.

EJERCICIOS

PRACTICA

26 Lanza un dado 20 veces y anota los resultados en una tabla.

a) ¿Qué probabilidad le asignarías al suceso «Sacar 5»?

b) ¿Y al suceso «Sacar 3»?

c) Junta tus resultados con los de tus compañeros y vuelve a calcular la probabilidad de sacar 5. ¿Qué resultado crees que es más fiable?

APLICA

27 En una ciudad viven 24 264 hombres y 25 736 mujeres. ¿Qué probabilidad hay de que escogida una persona al azar sea mujer?

REFLEXIONA

28 Después de lanzar una moneda muchas veces, obtenemos que la probabilidad de que salga cara es 0,37. Razona cuál es la probabilidad de obtener cruz. ¿Qué podemos afirmar de la moneda?

8 Regla de Laplace

Un **experimento** es **regular** cuando todos sus sucesos elementales tienen la misma probabilidad, es decir, son sucesos equiprobables.

La regla de Laplace es una forma sencilla de calcular probabilidades de distintos sucesos si el experimento aleatorio es regular.

DATE CUENTA

El experimento consistente en tirar una chincheta y observar la posición en la que cae no es regular.

Es más posible que la chincheta caiga con el pico hacia arriba que hacia abajo.

Regla de Laplace

La probabilidad de un suceso es igual al número de casos elementales que contiene el suceso dividido entre el número total de sucesos elementales.

Para recordarla se suele utilizar esta expresión:

$$P(A) = \frac{\text{n.º de casos favorables en } A}{\text{n.º de casos posibles}}$$

EJEMPLO

11 Lanzamos un dado de parchís y anotamos el resultado. Calcula la probabilidad de los siguientes sucesos.

a) A = «Sacar un número menor que 3»

b) B = «Sacar un divisor de 6»

El experimento aleatorio es regular porque todas las caras de un dado, no trucado, tienen las mismas posibilidades de salir.

$$E = \{1, 2, 3, 4, 5, 6\} \rightarrow \text{N.º de casos posibles} = 6$$

a) A = «Sacar número menor que 3» $= \{1, 2\} \rightarrow$ N.º de casos favorables $= 2$

$$P\,(\text{Sacar número menor que 3}) = P(A) = \frac{2}{6} = 0{,}33$$

b) B = «Sacar divisor de 6» $= \{1, 2, 3, 6\} \rightarrow$ N.º de casos favorables $= 4$

$$P\,(\text{Sacar divisor de 6}) = P(B) = \frac{4}{6} = 0{,}67$$

EJERCICIOS

PRACTICA

29 Calcula la probabilidad de los siguientes sucesos en el experimento aleatorio que consiste en tirar un dado y anotar el número de su cara superior. ¿Es un experimento regular?

a) A = «Salir número par»

b) B = «Salir múltiplo de 3»

c) C = «Salir número mayor que 10»

d) D = «Salir número menor o igual que 4»

APLICA

30 Un dado de quinielas tiene tres 1, dos X y un 2. ¿Cuál es la probabilidad de que salga una X? ¿Y un 2?

REFLEXIONA

31 Lanzamos dos monedas simultáneamente. ¿Cuál es la probabilidad de que salgan dos caras? ¿Y una cara y una cruz?

Lo esencial

COMPRENDE ESTAS PALABRAS

Estadística

Población ⟶ Alumnos de ESO

Muestra ⟶ IES «Los Claveles»

Variable cualitativa ⟶ Sexo

Variable cuantitativa discreta → N.º de hermanos

Variable cuantitativa continua → Estatura

Probabilidad

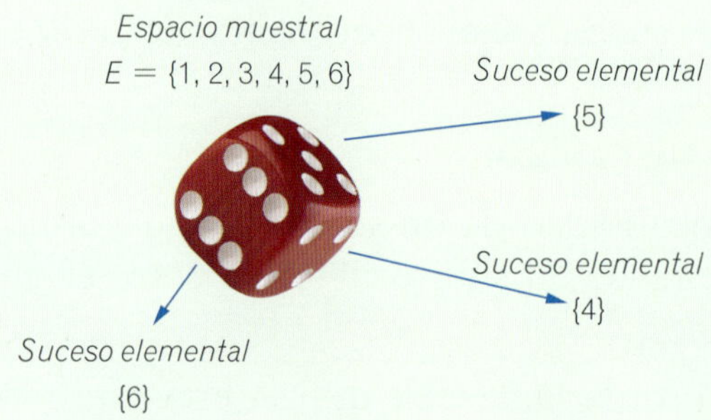

HAZLO DE ESTA MANERA

1. CONSTRUIR TABLAS DE FRECUENCIAS

Realiza una tabla de frecuencias para organizar los siguientes datos:

8 8 7 5   6 9 6 7   6 8 7 7   9 7 5 5

PRIMERO. Colocamos, en la primera columna, los posibles valores de la variable.

5 6 7 8 9

SEGUNDO. Contamos el número de veces que aparece cada dato para calcular las frecuencias absolutas, y completamos la segunda columna de la tabla.

5 → /// 6 → /// 7 → ~~////~~ 8 → /// 9 → //

TERCERO. Dividimos las frecuencias absolutas entre el número total de datos, para hallar las frecuencias relativas, y lo anotamos en otra columna.

Dato x_i	Frecuencia absoluta f_i	Frecuencia relativa h_i
5	3	0,1875
6	3	0,1875
7	5	0,3125
8	3	0,1875
9	2	0,125
	$N = 16$	Total = 1

2. CONSTRUIR UN DIAGRAMA DE BARRAS

Representa estos datos en un diagrama de barras.

Dato x_i	2	3	4	5	6	7	8	9	10
Frecuencia f_i	1	1	2	3	2	5	3	2	1

PRIMERO. Dibujamos unos ejes de coordenadas, poniendo en el eje de abscisas los valores o modalidades de la variable, y en el eje de ordenadas, las frecuencias.

SEGUNDO. Sobre cada valor levantamos una columna con altura igual a la frecuencia.

TERCERO. Cuando la variable es cuantitativa, podemos unir los extremos superiores de las barras para obtener el polígono de frecuencias.

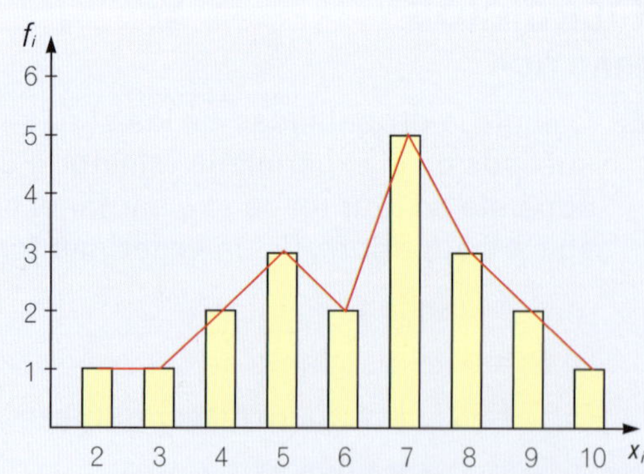

3. CONSTRUIR UN DIAGRAMA DE SECTORES

Representa, en un diagrama de sectores, los datos relativos a las opiniones sobre las instalaciones deportivas de un centro de enseñanza.

Valoración	h_i	Amplitud (°)
Muy buenas	0,26	$0{,}26 \cdot 360° = 93{,}6°$
Buenas	0,24	$0{,}24 \cdot 360° = 86{,}4°$
Regulares	0,28	$0{,}28 \cdot 360° = 100{,}8°$
Malas	0,18	$0{,}18 \cdot 360° = 64{,}8°$
Muy malas	0,04	$0{,}04 \cdot 360° = 14{,}4°$

PRIMERO. Calculamos la amplitud del sector de cada valor de la variable multiplicando su frecuencia relativa por 360°.

SEGUNDO. Dibujamos en un círculo los sectores, y ponemos cada dato en su lugar correspondiente.

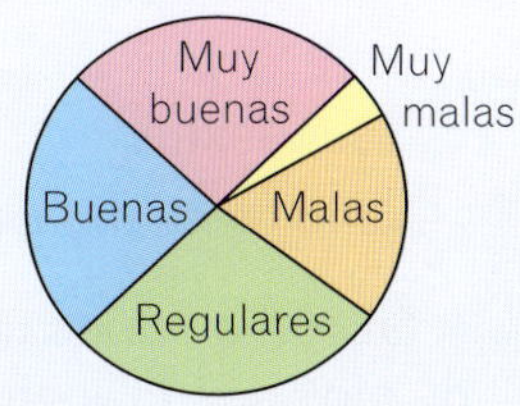

4. CALCULAR PROBABILIDADES MEDIANTE LA REGLA DE LAPLACE

Halla la probabilidad de los sucesos A = «Que salga número impar» y B = «Que salga número mayor que 4» en el experimento aleatorio que consiste en lanzar un dado.

PRIMERO. Determinamos el espacio muestral y los distintos sucesos.

$$E = \{1, 2, 3, 4, 5, 6\} \rightarrow \text{N.° de casos posibles} = 6$$

$$A = \{1, 3, 5\} \rightarrow \text{N.° de casos favorables} = 3 \qquad B = \{5, 6\} \rightarrow \text{N.° de casos favorables} = 2$$

SEGUNDO. Comprobamos si el experimento es regular. El experimento es regular porque todas las caras de un dado, no trucado, tienen las mismas posibilidades de salir.

TERCERO. Aplicamos la regla de Laplace.

$$P(A) = \frac{\text{n.° de casos favorables en } A}{\text{n.° de casos posibles}} = \frac{3}{6} = 0{,}5 \qquad P(B) = \frac{\text{n.° de casos favorables en } B}{\text{n.° de casos posibles}} = \frac{2}{6} = 0{,}33$$

Y AHORA... PRACTICA

Comprende estas palabras

1. Indica cuál es la población y la muestra en un estudio estadístico sobre los gastos de una familia en una ciudad.

2. Pon ejemplos de los diferentes tipos de variables estadísticas.

3. En el experimento que consiste en lanzar dos monedas al aire:

a) Determina el espacio muestral.

b) Pon ejemplos de diferentes sucesos.

Construir tablas de frecuencias

4. ¿Cuál es la frecuencia relativa de 2?

2 3 1 0 2   4 2 2 3 1
3 3 2 1 1   1 2 3 2 4

Construir un diagrama de barras

5. Construye el diagrama de barras de los datos anteriores.

Construir un diagrama de sectores

6. ¿Qué diagrama de sectores corresponde a los datos del ejercicio 4?

a) b)

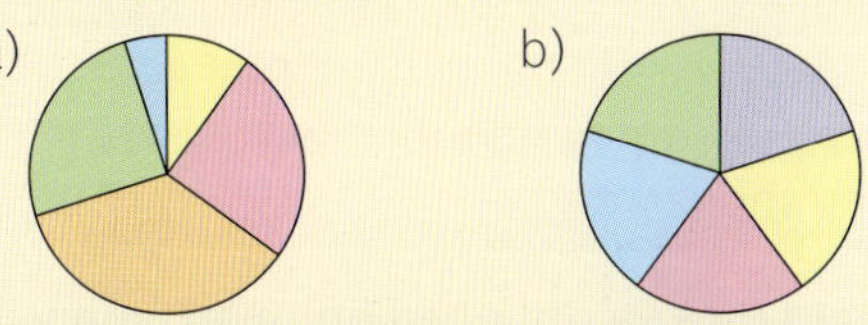

Calcular probabilidades mediante la regla de Laplace

7. Al extraer al azar una carta de una baraja española, ¿cuál es la probabilidad de sacar un as?

Actividades

VARIABLES ESTADÍSTICAS

32. ● Se quiere realizar un estudio estadístico de la altura de los alumnos de 1.° ESO de un instituto, y para ello se mide a los alumnos de una clase. Determina.

a) La población.
b) La muestra.
c) Los individuos.
d) La variable estadística.

¿Cómo es el tipo de variable que se estudia?

33. ● Di cómo harías un estudio sobre el color de ojos de tus vecinos.

Especifica cuál sería la población, la muestra, el tamaño de la muestra y algunos valores que puede tomar la variable estudiada.

34. ● Indica el tipo de variable: cualitativa o cuantitativa.

a) Número de hermanos.
b) Sexo.
c) Nacionalidad.
d) Número de calzado.
e) Edad.

35. ● Clasifica las siguientes variables en discretas o continuas.

a) Número de hermanos.
b) Número de calzado.
c) Edad.
d) Ingresos diarios en una frutería.
e) Peso de un grupo de alumnos.

TABLAS DE FRECUENCIAS

36. ● Una variable estadística toma estos valores:

3 5 4 2 6 1 2 3

a) Realiza un recuento.
b) Calcula las frecuencias absolutas.
c) Halla las frecuencias relativas.
d) Organiza los datos en una tabla de frecuencias.

37. ● Las notas que se obtienen en un examen, de 0 a 5, son las siguientes:

0 1 0 5 4 5 4 2 5 3

a) Realiza un recuento.
b) Calcula las frecuencias absolutas y relativas.
c) Organiza los datos en una tabla de frecuencias.

38. ● Las temperaturas máximas, en °C, que se han registrado en los últimos quince días del mes de agosto han sido:

40 39 41 39 40 38 37 40
40 41 42 39 40 39 39

a) Realiza un recuento de estas temperaturas.
b) Calcula las frecuencias absolutas y relativas.
c) Organiza los datos en una tabla de frecuencias.

39. ● Luis lanza 10 veces un dado, con cuatro caras numeradas del 1 al 4, y anota los resultados en su cuaderno.

a) ¿Cuántas veces se han repetido los resultados? Realiza un recuento.
b) Calcula las frecuencias absolutas y relativas.
c) Organiza los datos en una tabla de frecuencias.

40. ● Estos son los nombres de 10 alumnos de una clase de 1.° ESO.

Carlos	Rosa	Eduardo	Fernando	Julia
Lola	Fátima	Consuelo	Paco	Isabel

Considerando la variable *sexo del alumno* (chico/chica), realiza una tabla de frecuencias.

41. ● El número de hermanos de 20 alumnos es:

2 1 2 1 1 0 2 1 3 1
2 1 1 2 1 0 3 1 0 4

a) Efectúa el recuento.
b) Obtén las frecuencias absolutas y relativas.
c) Organiza los resultados obtenidos en una tabla.

42. ● El número de horas diarias que ven la televisión los 30 jugadores de un equipo de fútbol es:

0 1 2 2 3 1 2 3 4 2 3 1 1 0 2
1 1 0 2 1 1 3 0 1 4 2 1 3 0 0

Efectúa el recuento de datos y obtén las frecuencias absolutas y relativas.

43. ● Los siguientes datos corresponden al número de empleados de una cadena de tiendas.

4 7 5 2 4	5 6 4 7 3	7 4 3 4 4
3 4 3 2 4	4 1 1 2 5	3 2 2 5 3
3 8 2 3 2	2 5 4 1 5	8 6 6 1 3

a) Indica cuál es la variable y de qué tipo es.

b) Efectúa el recuento de datos y realiza una tabla de frecuencias.

44. ● Lanzamos un dado 48 veces, obteniéndose estos resultados:

3 4 5 1	6 2 2 3	4 2 6 5
1 4 2 3	1 4 5 3	2 1 4 6
4 4 3 2	1 6 2 5	6 2 3 1
5 4 1 6	3 2 4 6	6 2 1 2

Efectúa el recuento de datos, y obtén una tabla con todas las frecuencias.

45. ●● Se ha preguntado a 50 alumnos por su deporte favorito: 16 han escogido fútbol, 12 baloncesto, 6 balonmano, 10 equitación y 6 ciclismo. Considerando estos datos:

a) Calcula las frecuencias absolutas.

b) ¿Qué frecuencia absoluta representa el 20 %?

c) Obtén las frecuencias relativas.

d) ¿Qué frecuencia relativa representa el 32 %?

46. ●● Completa los datos de la siguiente tabla de frecuencias:

Dato	Frecuencia absoluta	Frecuencia relativa
2	4	0,2
4		0,15
6		
8		0,1
10	6	

47. ●● Completa la tabla, sabiendo que hay el doble de suspensos que de notables.

Notas	Frecuencia absoluta	Frecuencia relativa
Suspenso		
Aprobado		0,3
Notable		
Sobresaliente	5	0,1

48. ●● Las edades de los socios de un club son:

19 21 24 24 24	25 24 21 26 19
20 22 29 23 28	27 22 23 24 19

a) Construye una tabla de frecuencias en la que figuren sus porcentajes.

b) ¿Qué porcentaje de socios tienen más de 25 años?

49. ●● Para estudiar cómo influye trasnochar en el rendimiento académico, se ha preguntado a los alumnos de un centro universitario cuántos días salen de fiesta por semana, obteniéndose los siguientes resultados:

0 2 3 2 1	1 1 4 0 1
1 2 2 1 3	1 3 0 1 2

Efectúa el recuento de datos y obtén la tabla de frecuencias.

GRÁFICOS ESTADÍSTICOS

50. ● En una clase de 1.° ESO se pregunta a los alumnos por sus refrescos preferidos.

Refrescos	N.° de alumnos
Cola	10
Naranja	4
Limón	6
Piña	3

Representa estos datos en un diagrama de barras.

51. ● La música preferida por los alumnos de 1.° ESO, según una encuesta realizada, es:

Música	N.° de alumnos
Rock	18
Pop	12
Bacalao	24
Clásica	10
Dance	6

Representa estos datos en un diagrama de barras.

52. ● Los resultados obtenidos al lanzar una moneda 25 veces son 11 caras y 14 cruces. Represéntalos en un diagrama de sectores.

53. ● En un edificio de 24 viviendas, el número de personas que habitan en cada una es:

3 4 2 5	6 4 2 0	1 2 3 4
6 8 4 3	5 4 6 2	8 4 1 3

a) Construye una tabla de frecuencias.

b) Representa los datos con un diagrama de barras y un diagrama de sectores.

54. ●● Una familia gasta mensualmente 1 800 €. El siguiente gráfico muestra lo que destina a cada concepto.

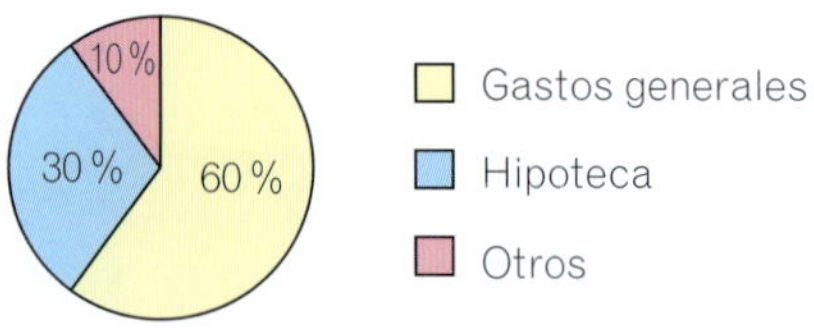

¿Cuánto dinero gasta en cada concepto?

55. ●● Se ha preguntado a los alumnos de una clase sobre su deporte favorito, y este ha sido el resultado.

Fútbol: 32	Baloncesto: 16
Tenis: 9	Otros: 17
Atletismo: 5	Ninguno: 3

Representa, en un diagrama de sectores, estos resultados, e indica el porcentaje de cada sector.

56. ●● En una encuesta realizada a 2 500 personas, sobre el funcionamiento de los autobuses urbanos, se han obtenido los siguientes datos:

Muy bien: 30,7 %	Mal: 1 %
Bien: 48 %	Muy mal: 0,4 %
Regular: 10,9 %	NS/NC: 9 %

a) Construye una tabla de frecuencias.

b) ¿Cuántas personas responden Bien o Muy bien?

c) Representa los datos en un diagrama de sectores.

57. ●● Observa el diagrama de barras.

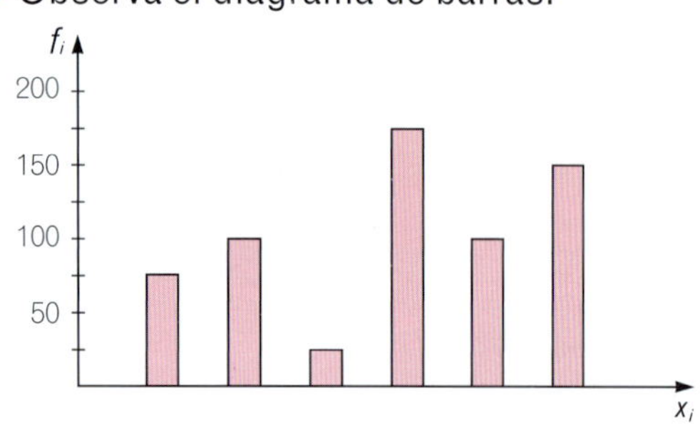

Describe una situación según los datos que se representan. Pon un título para el eje horizontal y otro para el eje vertical.

EXPERIMENTOS ALEATORIOS

58. ● Clasifica estos experimentos en aleatorios o deterministas.

a) Lanzar una piedra al aire y verificar si cae al suelo o no.

b) Hacer una quiniela y comprobar los resultados.

c) Predecir el ganador en una carrera de caballos.

d) Adivinar quién será la siguiente persona en llamarte por teléfono.

e) Medir la hipotenusa de un triángulo rectángulo de catetos 3 cm y 4 cm.

59. ● De los siguientes experimentos, indica si son aleatorios o deterministas.

a) Contar el número de palabras de una página de un libro que empiezan por vocal.

b) Contar el número de palabras de una página de un libro, elegida al azar, que empiezan por vocal.

c) Medir la longitud de una circunferencia de 5 cm de radio.

d) Anotar el color del pelo de la próxima persona que suba al autobús.

e) Predecir el número de goles que se marcarán en un partido de fútbol.

60. ●● Indica tres experimentos aleatorios y razona por qué lo son.

SUCESOS. ESPACIO MUESTRAL

61. ● En el experimento aleatorio que consiste en lanzar un dado y anotar el resultado, distingue los sucesos elementales de los sucesos compuestos.

a) «Salir número par»

b) «Salir número primo»

c) «Salir número mayor o igual que 5»

d) «Salir múltiplo de 4»

e) «Salir 7»

f) «Salir número menor que 7»

En los sucesos que consideres compuestos, indica cuántos sucesos elementales contienen.

62. ● Escribe el espacio muestral asociado a cada uno de estos experimentos aleatorios.

a) Sacamos una carta de la baraja española y anotamos el palo.

b) Extraemos una bola de una caja que tiene bolas rojas, azules, amarillas y verdes.

c) Tomamos un huevo de una huevera donde hay huevos crudos y cocidos.

63. ● **Escribe el espacio muestral en cada caso.**

a) Se extrae una moneda de una hucha que contiene monedas de 5, 10, 20 y 50 céntimos.

b) Se coge una papeleta de una urna que contiene papeletas numeradas del 1 al 10.

c) Se extrae una carta de la baraja y se anota si es figura o no.

64. ● **En el experimento aleatorio que consiste en extraer una carta de la baraja española, define el espacio muestral y estos sucesos.**

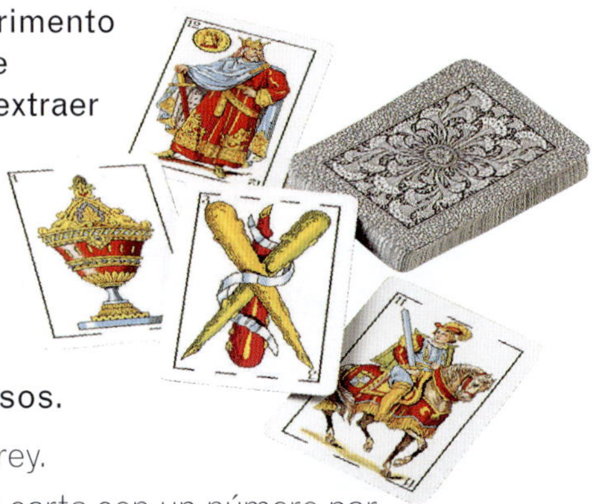

a) Sacar un rey.

b) Sacar una carta con un número par.

c) Sacar espadas.

d) No sacar oros.

e) Sacar una figura.

REGLA DE LAPLACE

65. ● **En una bolsa tenemos 4 bolas azules, 3 rojas, 2 verdes y 1 blanca. Se saca una bola al azar.**

a) ¿Qué es más probable, que salga azul o blanca?

b) ¿Es más probable que salga roja o verde?

c) Calcula las probabilidades de cada resultado (azul, roja, verde o blanca). ¿Cuánto vale la suma de estas probabilidades?

66. ● **En una bolsa hay 5 bolas rojas, 6 azules, 4 verdes y 3 naranjas.**

a) ¿Cuántas bolas hemos de sacar para estar seguros de obtener una bola azul?

b) ¿Qué color es más probable al sacar una bola de la bolsa?

67. ●● **Una bolsa A tiene 3 bolas rojas y 2 verdes, y otra bolsa B, 1 bola roja y 2 verdes. Se elige una bolsa, se saca una bola y gana quien saca bola verde. Para ganar habrá que elegir:**

a) La bolsa A.

b) Cualquier bolsa.

c) La bolsa B.

d) No se puede saber.

68. ●● **Define un suceso seguro y otro imposible para cada uno de los siguientes experimentos.**

a) Lanzar un dado con las caras numeradas del 1 al 6.

b) Lanzar dos monedas.

c) Extraer una bola de una bolsa que contiene bolas numeradas del 1 al 4.

d) Lanzar dos dados y sumar los puntos obtenidos.

69. ●● **¿Son equiprobables los sucesos elementales de estos experimentos?**

a) Extraer una carta de la baraja española y anotar si es figura o no.

b) Lanzar dos monedas.

c) Extraer una pieza de fruta de un frutero que contiene cinco manzanas, tres naranjas y cuatro ciruelas.

70. ● **Se lanza un dado con las caras numeradas del 1 al 6 y se anota el resultado de la cara superior. Calcula la probabilidad de que sea:**

a) Número par.

b) Número impar.

c) Número mayor que 2.

d) Número menor que 1.

e) Número mayor o igual que 6.

f) Múltiplo de 3.

g) Múltiplo de 4.

71. ● **En una baraja española de 40 cartas se extrae una carta. Calcula la probabilidad de que:**

a) Sea de oros.

b) Sea el rey de copas.

c) Sea un rey.

d) No sea el as de espadas.

e) Sea de copas.

f) Sea de bastos.

g) Sea de copas o de bastos.

h) No sea un as.

i) Sea una figura.

j) No sea una figura.

72. ● En un monedero hay seis monedas de 20 céntimos, cuatro de 50 céntimos y tres de 1 euro. Se extrae una moneda al azar. Calcula la probabilidad de que sea:

a) Una moneda de 20 céntimos.
b) Una moneda de 50 céntimos.
c) Una moneda de 1 euro.

73. ● En una bolsa hay 5 bolas azules, 4 bolas blancas y 3 bolas rojas. Se extrae una bola al azar. Calcula la probabilidad de obtener:

a) Una bola azul.
b) Una bola roja.
c) Una bola blanca.
d) Una bola azul o roja.
e) Una bola roja o blanca.
f) Una bola amarilla.
g) Una bola de cualquier color.

74. ● En una bolsa hay bolas numeradas del 1 al 20. Se extrae una bola al azar. Calcula la probabilidad de obtener una bola:

a) Con número par.
b) Con número impar.
c) Con múltiplo de 3.
d) Con número mayor que 5.
e) Con número menor o igual que 15.
f) Con múltiplo de 3 y 4 a la vez.

75. ●● Se lanzan dos dados. Halla la probabilidad de obtener:

a) Dos números iguales.
b) Dos números pares.
c) Al menos un 6.
d) La pareja 1 y 3.

76. ●● Lanzamos dos monedas al aire. Calcula la probabilidad de obtener:

a) Una sola cara.
b) Una sola cruz.
c) Dos caras.
d) Dos cruces.
e) Al menos una cara.
f) Al menos una cruz.
g) Ninguna cara.
h) Ninguna cruz.

77. ●● Se lanzan tres monedas al aire. Halla la probabilidad de obtener:

a) Tres caras.
b) Al menos una cara.
c) Al menos dos cruces.
d) Ninguna cara.

78. ●●● Lanzamos dos dados y sumamos los puntos obtenidos. Calcula la probabilidad de obtener:

a) Suma 2.
b) Suma mayor que 2.
c) Suma 7.
d) Suma distinta de 7.
e) Suma menor que 12.
f) Suma mayor que 12.

PROBLEMAS DE ESTADÍSTICA Y PROBABILIDAD

79. ●● Un frutero tiene sacos de cebollas de 2 kg, 5 kg y 10 kg. Durante un día ha vendido 10 sacos de 2 kg, 5 sacos de 5 kg y 2 sacos de 10 kg.

a) Organiza estos datos mediante una tabla de frecuencias.
b) Representa, en un diagrama de barras, las frecuencias absolutas.
c) Dibuja un diagrama de barras donde representes las frecuencias relativas.

80. ●● Las edades, en años, de los 10 primeros visitantes al parque de atracciones de una ciudad son las siguientes:

12	10	14	12	14
10	11	12	12	12

Dibuja un diagrama de barras con las frecuencias absolutas y otro con las frecuencias relativas.

HAZLO ASÍ

¿CÓMO SE CALCULAN PROBABILIDADES DE FORMA EXPERIMENTAL?

81. En un saco hay 50 kg de judías blancas y judías pintas. Halla la probabilidad de que al sacar una judía del saco sea pinta.

PRIMERO. Se realiza el experimento un número elevado de veces. Se extrae varias veces un puñado y se cuentan las judías que hay en él.

SEGUNDO. Se apunta la frecuencia de cada suceso en el conjunto del experimento.

Por ejemplo: 738 judías pintas en 5 000 judías.

TERCERO. El valor de la probabilidad es aproximadamente su frecuencia relativa.

$$P(\text{Judía pinta}) = \frac{738}{5\,000} = 0{,}1476$$

82. ●● En una bolsa hay un número indeterminado de bolas numeradas del 1 al 5. Se repite 5 000 veces el experimento de extraer una bola, anotar el resultado y devolverla a la bolsa. Las frecuencias se muestran en la tabla:

Número	1	2	3	4	5
f_i	950	1 200	900	1 100	850

a) Calcula la probabilidad de obtener múltiplo de 2.

b) Si en la bolsa hay 1 000 bolas, ¿cuántas son de cada clase? Justifica tu respuesta.

83. ●● Calcula, de forma experimental, la probabilidad de obtener el número 1 en el lanzamiento de un dado con las caras numeradas del 1 al 6. Utiliza y completa esta tabla:

Lanzamientos	N.º de unos	f_i	h_i
20			
40			
60			
80			
100			

Compara la frecuencia relativa de cada paso con el resultado que obtendrías aplicando la regla de Laplace. ¿Qué observas?

84. ●● En un sorteo se han hecho 10 000 papeletas. Si Juan tiene 30 papeletas y María tiene 53, ¿quién tendrá más probabilidad de ganar?

85. ●● Se hace girar una ruleta como la del dibujo. Halla la probabilidad de que la bola caiga en:

a) El número 1.

b) El número 3.

c) El número 6.

d) Un número impar.

e) Un múltiplo de 3.

86. ●● En una comida hay 28 hombres y 32 mujeres. Toman carne 16 hombres y 20 mujeres, y el resto pescado. Si elegimos una persona al azar, calcula la probabilidad de estos sucesos.

a) Sea hombre.

b) Haya tomado pescado.

c) Sea hombre y tome pescado.

INVESTIGA

87. ●●● Si conocemos las frecuencias relativas, ¿podrías calcular las frecuencias absolutas?

88. ●●● ¿Un experimento aleatorio puede tener un solo suceso elemental? ¿Y dos? ¿Y tres? En caso afirmativo, pon algunos ejemplos.

89. ●●● Las calculadoras científicas tienen la función RAN o RANDOM. Con ella obtenemos un número entre 0 y 1 que podemos considerar aleatorio. ¿Cómo podrías obtener un número aleatorio entre 0 y 100 usando esa función?

90. ●●● Una bolsa contiene seis bolas rojas, cuatro verdes y cinco amarillas. ¿Cuántas bolas rojas debemos añadir para que la probabilidad de sacar una bola roja sea $\frac{4}{5}$?

91. ●●● En un dado trucado se sabe que la probabilidad de sacar un 6 es el doble que la de sacar cualquier otro número. ¿Qué probabilidad tiene cada suceso elemental?

Pon a prueba tus capacidades

92. ●●● Estos son algunos de los datos de la última factura de electricidad.

HISTORIAL DEL CONSUMO

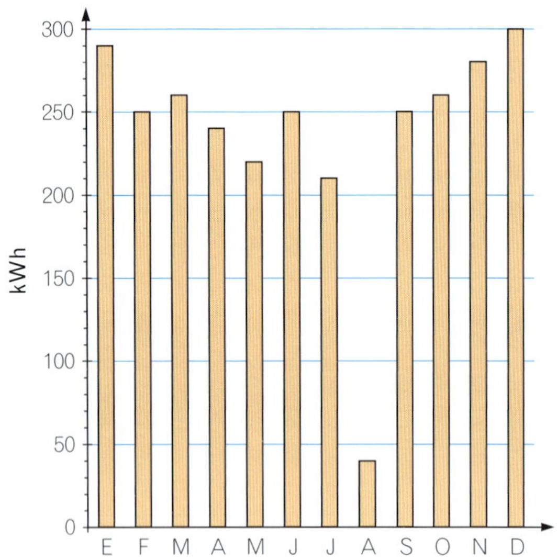

En la factura hay dos conceptos que son fijos:

ELECTRICIDAD DEL OESTE

Potencia y alquiler de equipo .... 8 €

Impuesto de consumo (por kWh) ...... 0,11 €

ERES CAPAZ DE... COMPRENDER

a) ¿Cuántos kWh se consumieron en diciembre?

b) ¿Cuál es el gasto fijo por potencia y alquiler de equipo? ¿Y el importe de consumo por kWh?

ERES CAPAZ DE... RESOLVER

c) Si en el mes de diciembre se pagaron 72 €, ¿cuál es el precio de 1 kWh?

ERES CAPAZ DE... DECIDIR

d) Si el gasto por equipamiento es el que muestra el gráfico, ¿cómo crees que se podría reducir dicho gasto?

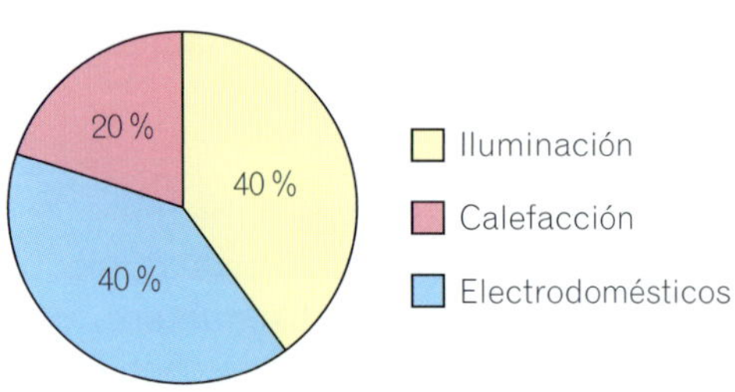

93. ●●● Esta mañana Andrés y yo hemos visto el anuncio de un restaurante que ofrece un menú a 9,50 € y, además, afirma que podemos escoger entre 27 menús diferentes.

Después de ver el anuncio del menú, Andrés no está muy convencido de su veracidad.

En el menú que exhiben en la entrada podemos escoger entre 3 primeros platos, 3 segundos y 3 postres. Además, podemos hacer cualquier combinación tomando un primer plato, un segundo y un postre.

ERES CAPAZ DE... COMPRENDER

a) Si elegimos sopa de primero y fruta de postre, ¿cuántas posibilidades de menú hay?

b) Si elegimos menestra de primero, ¿cuántas posibilidades de menú hay en este caso?

ERES CAPAZ DE... RESOLVER

c) ¿Cuántas posibilidades de menú hay?

ERES CAPAZ DE... DECIDIR

d) A la vista de los datos, ¿es correcta la publicidad exhibida por el restaurante?

Matemáticas con ordenador

OpenOffice. CALC
es.openoffice.org

Las opiniones sobre una obra de teatro son: muy buena 22, buena 31, regular 33, mala 11 y muy mala 3. Ordena la información en una tabla y realiza un diagrama de sectores.

1. Anotamos en la columna **A** los valores de la variable X = Opinión, y en la columna **B** la frecuencia correspondiente a cada opinión.

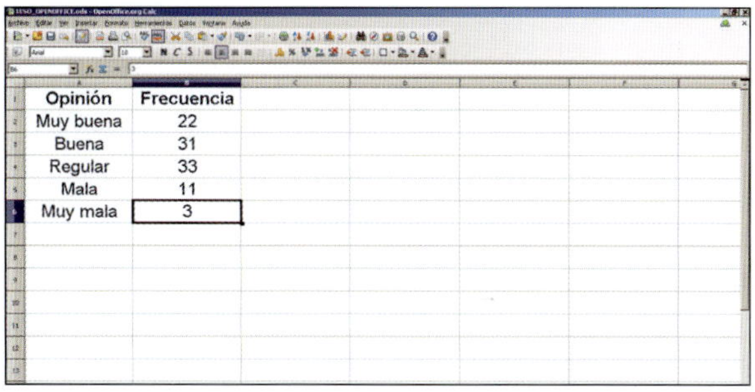

2. Seleccionamos la tabla de las columnas **A** y **B**, y en el menú **Insertar** elegimos la opción **Gráfico...** y seleccionamos el gráfico **Círculo**.

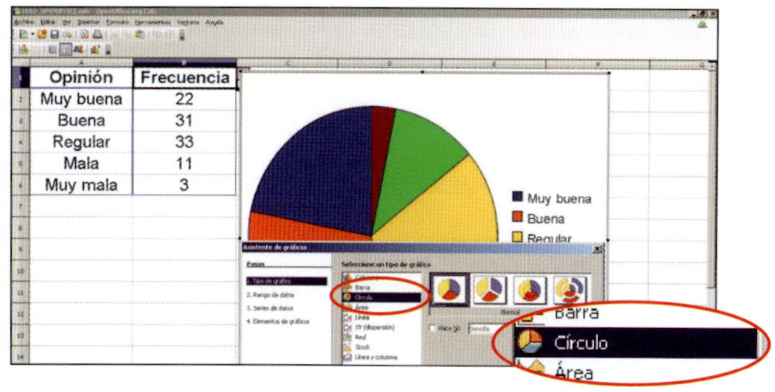

3. En el paso 4 escribimos como título **Opinión**, desmarcamos la opción **Mostrar leyenda**, y pulsamos en **Finalizar**.

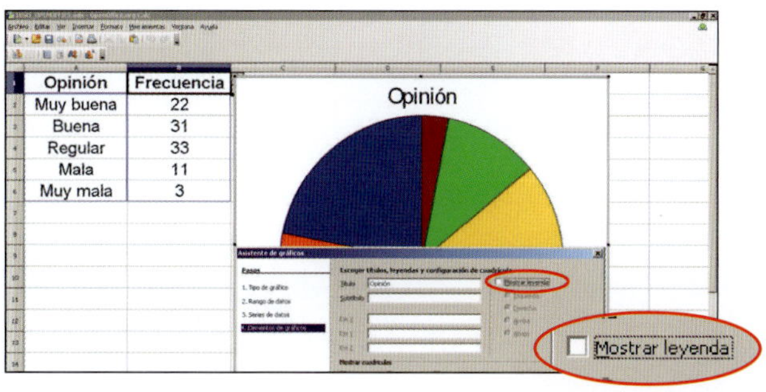

4. Con un doble clic en el círculo aparece el menú **Serie de datos** y, en la pestaña **Etiquetas de datos**, marcamos **Mostrar la categoría**.

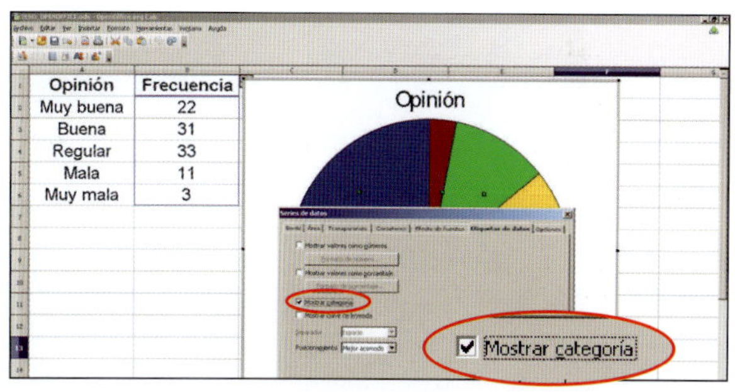

5. Pulsamos en **Aceptar** y aparece el gráfico en la misma hoja de datos.

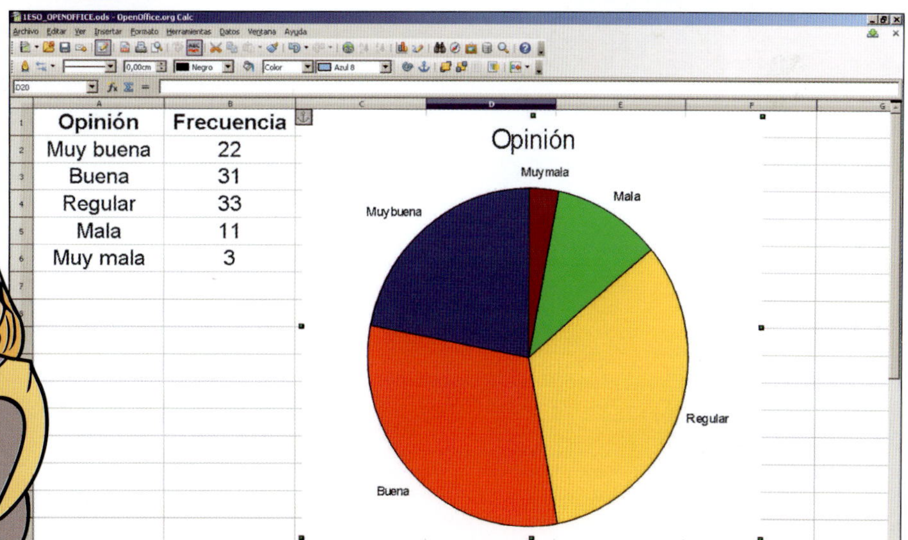

ACTIVIDADES

PRACTICA

1. Se ha preguntado a 200 usuarios de una biblioteca por sus gustos literarios y 98 prefieren novela, a 22 les gusta el ensayo, 11 poesía y 69 teatro.

Construye con estos datos una tabla de frecuencias, y realiza un diagrama de sectores.

INVESTIGA

2. Comprueba con varios ejemplos que si multiplicamos todas las frecuencias por un mismo número natural, el diagrama de sectores que resulta es el mismo. ¿Sucede lo mismo si a todas las frecuencias les sumamos el mismo número?